重　估

大数据与治理创新

刁生富　刁宏宇　吴选红　著

電子工業出版社
Publishing House of Electronics Industry
北京 · BEIJING

图书在版编目（CIP）数据

重估：大数据与治理创新 / 刁生富，刁宏宇，吴选红著. —北京：电子工业出版社，2018.12
ISBN 978-7-121-35266-9

Ⅰ. ①重… Ⅱ. ①刁… ②刁… ③吴… Ⅲ. ①数据处理－研究 Ⅳ. ①TP274

中国版本图书馆 CIP 数据核字（2018）第 240989 号

策划编辑：米俊萍
责任编辑：米俊萍
印　　刷：北京盛通商印快线网络科技有限公司
装　　订：北京盛通商印快线网络科技有限公司
出版发行：电子工业出版社
　　　　　北京市海淀区万寿路 173 信箱　邮编 100036
开　　本：720×1 000　1/16　印张：16　字数：300 千字
版　　次：2018 年 12 月第 1 版
印　　次：2022 年 4 月第 2 次印刷
定　　价：88.00 元

凡所购买电子工业出版社图书有缺损问题，请向购买书店调换。若书店售缺，请与本社发行部联系，联系及邮购电话：（010）88254888，88258888。
质量投诉请发邮件至 zlts@phei.com.cn，盗版侵权举报请发邮件至 dbqq@phei.com.cn。
本书咨询联系方式：mijp@phei.com.cn。

Preface

前言

尽管对大数据的定义和特征的描述存在这样那样的争议，但一个不容置疑的事实是，大数据时代正向我们大踏步走来。在这个以数据为资源和资产的新时代，拥有数据的规模与质量、数据治理与变现的能力、数据素养的培养与提升，已成为企业和国家的核心竞争力。

大数据开启了一次重大的时代转型，数据正以其无处不在、无孔不入、无坚不摧的力量刷新时代的政治、经济、社会、文化、思维等方方面面，其波及范围之广、影响程度之深，是前所未有的，正成为创新发展的新方向、新趋势、新路径："数据强国"的建设方针被提出；"数字经济"的发展蓝图被规划；"数字政府"和"数字公民"建设被提上议事日程；"数据思维"和"数据决策"被确立……昔日，著名古希腊科学家阿基米德曾自信地说："给我一个支点，我就能撬动地球"；今天，我们可以说，大数据正成为新时代撬动世界的大"支点"！

大数据的巨大作用不仅表现在经济的转型升级上，更重要的是表现在国家的治理创新上，它是国家治理体系和治理能力现代化的重要元素，对政府治理和社会治理产生了深远影响。而大数据在治理创新中作用的发挥，又与数据治理本身有关，与数据的开放共享有关，与数据思维和数据决策有关。

本书对数据治理、政府治理和社会治理这三个方面的相关问题进行了初步探讨，包括数据治理与数据价值实现、数据开放共享的精细化治理与隐私保护、数字政府与数字公民建设、数据思维与领导干部的数据决策、慈善资源和志愿服务的精准供给与衔接、老龄化社会中的智慧养老问题、共享生活化的生成逻辑与治理创新、大数据在舆情监测中的应用与超越等。

需要说明的是，本书不是从“面”上进行的“系统”研究，而是从“点”上进行的“专题”思考。本书共11章，每章都是1个专题，它们之间虽有一定的关联，但实际上是各自独立的。因此，读者完全可以从任何一章开始与我们一起分享和讨论。

在本书写作过程中，我们参考了大量国内外文献；徐瑞萍、冯桂锋、邓凯、陈嘉慧、赵亚萍、莫敬雍也先后参与了其中部分内容初稿的写作；电子工业出版社责任编辑米俊萍为本书的出版付出了心血；佛山科学技术学院学术著作出版基金资助了本书的出版。对以上所有单位和个人，在此一并致以最真诚的感谢。对书中存在的不足之处，敬请读者批评指正。

刁生富

2018年8月8日

Contents

目录

第一章

数据治理：数据价值实现的必由之路

在大数据时代，数据治理在数据价值实现过程中具有决定性的作用。对基于大数据时代的数据治理研究，正是大数据价值构建的内在要求。通过数据治理内涵演变的相关重要文献，可以认识数据治理的概念与特征，在此基础上分析数据治理的意义与价值，从中探寻数据治理与国际竞争、国家治理和社会治理之间的关系。为使现有的大数据资源更好地发挥其在经济转型升级、政府治理和社会治理，以及便民惠民等方面的作用，必须进行数据治理。

本章首先从战略规划、价值构建、治理体系泛化三个阶段建立数据治理体系，然后从数据治理的生产、管理、应用三个中观领域切入分析数据治理的支撑要素，最后对数据价值挖掘的九大支撑性要素——数据源识别、价值预判、治理能力评估、数据采集、数据加工、数据存储、数据分析、数据管理和数据共享进行分析，以指导数据治理实践。

随着新一代信息技术和新一代人工智能技术的快速发展，尤其是大数据的广泛普及和应用，数据理念和数据意识已深入人心，数据基础设施正快马加鞭建设，数据能力在不断提高，数据作用的发挥愈来愈好——人类社会已步入大数据时代。

与以往的传统数据相比，大数据时代的数据体量巨大、类型繁多、处理速度快、价值大而密度低，这些新的特征越来越明显。无论是政府、企业、社团组织的运营数据，还是个人生活、工作的数据，都以多种多样的方式被保存下来，其潜在的数据价值亟待开发利用。

然而，现有数据资源所拥有的潜在价值的实现却受限于当前数据治理的诸多困境——数据标准不统一、数据质量没有保证、数据存储比较分散、数据流动的安全风险系数高、数据开放共享易导致隐私泄露……所有这些，无不阻碍着数据价值的实现。因此，为了充分挖掘和利用数据背后隐藏的巨大价值，使其真正发挥在经济转型升级、政府治理和社会治理，以及便民惠民等方面的作用，就必须进行数据治理。可以说，科学、有效、充分的数据治理，是大数据时代数据价值实现的必由之路。

— 第一节 —
数据治理的内涵与特征

一、数据治理的内涵

数据治理是大数据时代数据资产变现和数据价值实现的重要手段，备受业界和相关领域研究者的关注。不同领域的研究者对数据治理内涵的界定，因受看待问题的视角和分析手段的约束，恰好为当前的数据治理赋予了丰富的内容与形式，其中比较有代表性的观点如下。

张绍华等人认为，数据治理是对组织的大数据管理和利用进行评估、指导和监督的体系框架，它通过制定战略方针、建立组织架构、明确责任分工等，实现大数据的风险可控、安全合规、绩效提升和价值创造，并提供不断创新的大数据服务[1]；Malik 认为，数据治理蕴含在决策及与数据相关的各类事物中，包括政策、规则、权利、组织结构、个体的责任和信息系统，这些与信息处理过程相关的事物会影响组织业务目标的完成[2]；B.Otto 认为，数据治理是指在企业中，数据管理的相应职责和决策权的分配，数据治理旨在将数据的价值最大化[3]；L.Cheong 认为，数据治理是企

[1] 张绍华，潘蓉，宗宇伟. 大数据治理与服务[M]. 上海：上海科学技术出版社，2015:17.

[2] Malik P. Governing big data: Principles and practices[J]. IBM Journal of Research and Development，2013，57(3/4): 1-13.

[3] OTTO B. A morphology of the organization of data governance[EB/OL]. http://aisel. aisnet.org/ecis2011/ 272.

业管理数据数量、一致性、易用性、安全性和可用性的过程[1]；P.Sonia 认为，数据治理是一个决策、职责和流程有机组合的系统，该系统确保对重要的数据资产和信息进行正规统一的管理[2]；D.Loshin 认为，数据治理主要是研究与数据治理相关的 5 个核心概念：数据消费者期望的管理、关键数据质量维度的界定、元数据一致性的监测、数据更新与解释、数据增强[3]；桑尼尔·索雷斯则认为，数据治理是广义信息治理计划的一部分，即制定与大数据有关的数据优化、隐私保护与数据变现的政策[4]。

综上所述，不同研究者分别从治理体系构建、组织目标服务计划、数据价值最大化、数据治理计划及数据政策等视角对当前的数据治理进行了内涵界定，无论是其中的哪个角度，研究者都希望运用一定的方式和方法厘清数据与数据、数据与个人、数据与企业、数据与政府的关系，从而将数据的潜在价值变为显在价值，其着重强调的是对大数据价值挖掘与运用的过程，特别关注大数据与其他事物相互联系的价值关系。

二、数据治理的特征

在大数据时代，数据具有体量巨大、类型繁多、处理速度快、价值高而密度低等特征，如图 1-1 所示[5]。

---

[1] CHEONG L，CHANG V. The need for data governance: a case study[EB/OL]. http://theartofservicelab. s3. amazonaws.com/All%20Toolkits/The% 20Data% 20Governance%20Toolkit/Plan/The%20Need%20For%20 Data% 20Governance-% 20A%20Case% 20Study.pdf.

[2] SONIA P. Six critical success factors for data governance-view-points on innovation[EB/OL]. http://view-points. io/entry/six-critical- success- factors-for-data-governance.

[3] LOSHIN D. Data governance for big data analysis: considerations for data policies and processes-big data analysis[EB/OL]. http://www. science direct. com/science/article/pii/B9780124173194000053.

[4] [美]桑尼尔·索雷斯. 大数据治理[M]. 匡斌，译. 北京：清华大学出版社，2014:4-5.

[5] 熊怡. 理念上解读 实践上应用——大数据时代的国家竞争与企业发展[J]. 中国电力教育，2014(13): 19-23.

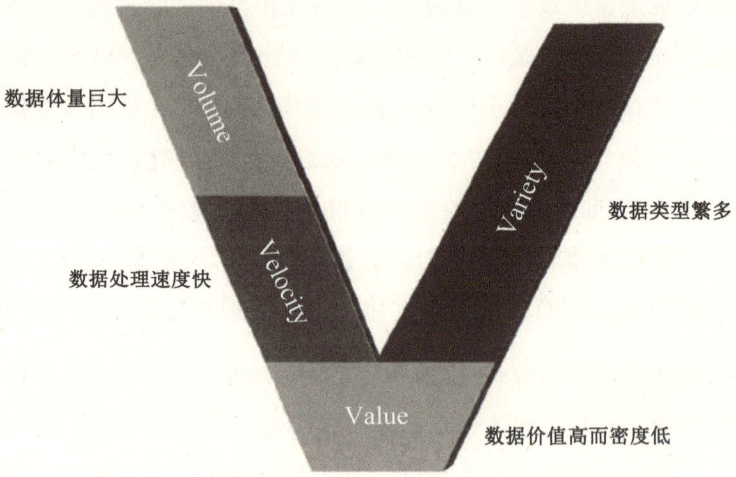

图 1-1　大数据的“4V”特征

大数据的这些特征，决定了针对大数据所进行的数据治理的特征也具有多样性。其中，主要包括数据治理的过程是多方协同互动的；数据治理不能只针对局部数据进行分析；数据治理具有明显的时间要求；数据治理不能忽视治理主体能力等。

1. 关联性

数据治理的关联性是指在数据价值的挖掘与应用过程中，要充分考虑不同种类的数据与数据之间、不同种类的数据与数据治理主体（收集者、处理者、应用者和监督者）之间、数据的生产者与数据治理主体之间的相互作用和相互影响的关系。在数据治理的过程中，首先，能够正确处理数据与数据之间的关联性，是建立数据知识图谱、数据地图、数据库，以及实现数据价值的重要环节；其次，基于不同种类的数据，以及参与治理的主体的多元性等特征，要求数据治理主体能准确把握数据标准、数据质量、数据安全、数据主体的权责在治理的不同环节的关联性；最后，就数据的权属与利益而言，数据的所有权人与数据治理主体之间还需要厘清数据的所有权、使用权、收益权、审计权、删除权等数据权利及与之相关的利益关系。

2. 整体性

数据治理的整体性是指数据治理主体在对某一领域的数据进行治理时，凡是与数据价值变现可能相关的数据，都要全部纳入治理范围。数据治理分为传统的数据治理与现代化的数据治理。传统的数据治理重点任务在于对局部数据分析和运用，其治理过程重点强调的是独立维度的数据整合，缺乏对数据的整体性认识，包括缺乏对多维数据之间相关性的认识，以及没有认识到全数据比抽样数据更具有代表性，这导致了传统的数据治理存在固有的缺陷和误差。

现代化的数据治理在继承传统数据治理优点的同时，也摒弃了传统数据治理的缺陷。现代化的数据治理充分结合大数据时代已有的数据治理技术和治理水平，将数据治理的重点任务转向整体数据的相关性分析和运用，强调的是用全数据代替样本数据，基本要求是在治理好局部数据的前提下对整体数据进行综合治理。所以，其在数据的整个治理过程中都体现了显著的整体性特征。

3. 时效性

数据治理的时效性是指在数据治理的过程中，拥有快速适应数据生产者生产数据的速度、数据价值失效前挖掘出数据价值的速度，以及数据应用适应市场变化的能力。数据治理的时效性特征来源于大数据处理速度快的时效性要求。在互联网和大数据时代，数据治理的主体必须要在数据价值没有失效之前将其价值挖掘出来，并快速响应市场需求，这样才能保证在数据治理体系中体现其治理的价值和意义。这就要求数据治理主体在治理数据的过程中，能及时快速响应数据环境的变化，对于数据的分析和运用也要具备精准和快速两个特征。

4. 匹配性

数据治理的匹配性是指数据治理主体对数据的治理，要与数据治理主体本身的管理与运营模式、业务规模及风险控制能力等相适应。数据治理主体对于数据治理的过程，不是一个盲目的过程，而是一个有目标的行动过程。在数据治理过程中，凡是脱离数据治理主体自身实际的数据治理，其治理结果要么与目标出现较大的偏差，要么直接导致治理的结果与治理目标背道而驰。因此，数据治理过程必须体现数据治理的匹配性特征。在数据治理开始之前，数据治理主体要对自身的治理能力进行充分评估，包括对本身所拥有的管理与运营模式、业务规模、风险控制能力等方面的评估，同时还要坚持采用以终为始的预测性评估、治理的过程评估和治理结果的评估等评估工具，实时调整自身治理的进度和治理的规模。

— 第二节 —
数据治理的价值

一、数据治理与国际竞争

数据治理是国家治理体系的重要元素，也是国家治理能力现代化的重要标志。一个国家的数据治理能力和水平从侧面反映了这个国家在国际社会中的竞争力。在大数据时代，国家层面的竞争能力将在一定程度上体现在该国所拥有的大数据的规模及其对数据的解释和运用能力等方面[1]。

随着大数据时代的发展，国家之间的竞争被赋予了新的内涵，传统的以自然资源、人力资源、科学技术为国家间较量的支撑力量已经被赋予了数据化的特征，国家间的自然资源的竞争已经演变成了数据资源之间的竞争。如今，在国际竞争中，大数据已被视为与自然资源、人力资源一样重要的战略资源，甚至成为更重要的资源和资产。自 2012 年美国从国家战略层面推出《大数据研究和发展计划》以来，世界各国的国家战略布局都受到了巨大冲击，许多国家纷纷结合自身国情制定了促进本国发展的国家大数据战略与发展计划，将大数据战略提升到了国家战略的层面，足以体现大数据战略对于国家发展和国家融入国际社会的重大意义。

[1] 熊怡. 理念上解读 实践上应用——大数据时代的国家竞争与企业发展[J]. 中国电力教育，2014(13): 19-23.

大数据时代，国家间大数据资产竞争的本质是国家大数据战略的竞争，是基于大数据的管理能力、决策能力与服务能力的竞争。促进大数据资产高质量管理、决策与服务的根本举措在于数据治理能力和水平的提升。从国家竞争的本质来看，一个国家的数据治理能力和数据治理水平对于提升其国际竞争力具有基础性和根基性的战略意义。就国家层面而言，数据治理主要是为国家综合国力与国际竞争力的提升服务的，是一个国家对自身的数据“家当”进行自我衡量的过程。只有在充分认识和理解大数据时代数据治理对提升国际竞争力的特殊意义，数据治理战略才能在促进国际竞争能力提升方面发挥真正的作用。

二、数据治理与国家治理

大数据时代的数据治理对于国家治理具有重要的推动作用。一般情况下，国家治理包括国家的政治治理、经济治理、文化治理、社会治理、生态治理五大方面的内容，这是在推进国家治理能力现代化进程中必须要进行治理的内容；国家治理体系包括国家治理的法律体系、制度体系、措施体系、结构体系、功能体系、运行体系等策略和步骤。

无论是国家治理体系，还是国家治理能力，都具有复杂性，在某种层面上这恰好体现了国家治理过程中涉及的内容广泛、信息量巨大、参与主体多元的特征。基于此，实现国家治理体系和治理能力现代化的目标客观上对国家治理主体提出了时代性要求，要求国家治理主体在治理过程中必须克服旧有的治理障碍，充分借助大数据时代的先进工具来促进治理工作高效运行。因此，大数据时代的国家治理在数据的驱动下，必然会走数据化的治理模式，归根结底，国家治理体系和治理能力的现代化就是建设智慧国家，实现国家的智慧治理。

在国家治理过程中，大数据是国家公共决策、协同共治、政府效能提升的重要资源；大数据是颠覆传统国家治理模式、建立透明政府、调整国家治理协同边界的重要力量[1]。近年来，我国高度重视数据治理，对大数据价值的挖掘、大数据的管理、大数据的制度建设等方面的治理力度不断增强，这对于实现国家智慧治理和建成智慧国家意义重大。

大数据时代的数据治理既是一种数据处理技术，也是一种思维方式；既是技术变革，也是思维转变。一方面，国家治理应更加注重利用数据治理技术来分析国家治理需求，并通过数据治理技术反馈国家治理需求，以便更好地为国家的政治、经济、文化、社会、生态的治理服务，稳步提升国家治理体系与国家治理能力的现代化水平。另一方面，数据治理为国家治理能力提升提供了技术支持，同时国家治理能力的提升又助推了大数据时代的发展，两者在逻辑上具有内在统一性。数据治理能力的提升能够大幅度提高国家的治理效率，提升国家效能。

三、数据治理与社会治理

在大数据时代，数据治理是社会治理的重要手段。所谓社会治理，就是政府、企事业单位、社区及居民个人等通过构建平等的合作型关系，依法对社会事务和社会活动进行规范管理，最终实现社会主体和公共利益最大化目的的过程[2]。相比国家治理，社会治理在治理模式与治理理念方面都存在较大的差别，这足以体现社会治理与国家治理的任务及目标的区别与联系。

不论社会治理过程与治理结果如何，都在社会实践和发展过程中，为大数据时代的社会治理做好了前期铺垫和经验总结。从这个意义上说，大数据时代的社会治理所拥有的先天优势，需要归功于大数据时代的自身优势、对以往实践经验的总结和对其优势的继承。更重要的是，大数据时代的社会治理是一种新的思维、新的理念和新的模式，而数据治理是确保大

[1] 陈潭. 大数据时代的国家治理[M]. 北京：中国社会科学出版社，2015: 30-48.

[2] 章政. 大数据时代的社会治理体制[M]. 北京：中国经济出版社，2016: 1-2.

数据时代的社会治理思维、理念和模式高质高效运行的工具和手段。

同时，数据治理是构成社会治理的重要内容，数据及数据治理必将成为社会治理创新的推动因素。数据治理这一概念的提出必然会带来新的观念和新的视角，使我们重新审视社会治理，从而自觉地按照大数据时代所呈现的新特征去推动社会治理的变革，并在开发和应用数据资源的过程中自觉地依照数据来安排和开展社会治理[1]。

[1] 张康之. 数据治理：认识与建构的向度[J]. 电子政务，2018(1):2-13.

— 第三节 —

数据治理体系构建与价值挖掘

一、数据治理体系构建

数据治理体系如图 1-2 所示。

从图 1-2 中可以看出，数据治理包括三个基本阶段。第一阶段是数据治理的战略规划阶段，它在数据治理体系的三个阶段中处于核心地位。这个阶段的主要任务是制定战略规划、指导战略实践，包括数据治理的战略目标、战略实施步骤、实现数据治理战略的时间和策略的制定，以及与之相关的法律政策的支持与调控、数据治理理念的构建等。

第二阶段是数据治理的价值构建阶段，它在数据治理体系的三个阶段中处于基础地位。这个阶段的主要任务是数据价值的挖掘与数据价值变现，包括数据治理的生产层、应用层和管理层的构建，使用的主要是大数据工具，包括大数据处理分析工具、大数据云存储与云共享工具、大数据系统管理工具等。在第二阶段，主要通过对数据治理过程中的生产层、应用层、管理层三个层面的介入，保证数据治理价值的有效性和数据价值变现的时空不被限制。在数据治理的生产层，主要是对数据加工处理的流程、质量、安全、效率等进行监控；在应用层，主要是基于数据加工处理及数据的科学管理等进行数据应用模式探索、应用领域拓展、应用创新、应用共享等；在管理层，主要是在生产层和应用层的基础上实现对数据治理过程的管理与服务。

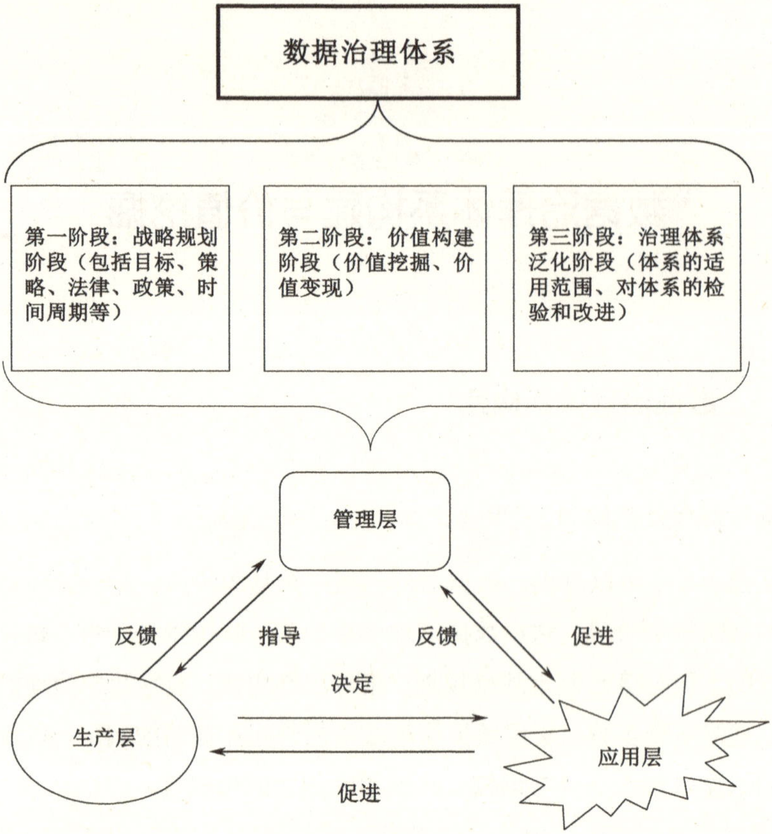

生产层	流程监控、质量监控、安全监控、效率监控等
应用层	应用模式、应用领域、应用创新、共享应用等
管理层	协调机制、监督机制、奖惩机制、权责机制等

图 1-2　数据治理体系

第三阶段是数据治理的治理体系泛化阶段，它在数据治理体系的三个阶段中处于辅助地位。这一阶段的显著特征是数据治理体系的构建已基本完成，这一阶段的工作任务是通过不断拓展数据治理体系的适用范围，不断对数据治理体系进行假设检验和改进，从而不断提高数据治理体系的泛化能力。

就当前我国数据治理的进度而言，自 2015 年国家印发《促进大数据发展行动纲要》以来，我国在大数据领域的政策与规范性文件，包括《关于促进云计算创新发展培育信息产业新业态的意见》《关于积极推进“互联网+”行动的指导意见》《关于运用大数据加强对市场主体服务和监管的若干意见》《关于数据中心建设布局的指导意见》《大数据标准化白皮书》等相继出台，地方性的有关数据治理与应用的政策文件相继发布。通过这些政策文件可知，国家已经在战略层面对我国数据治理进行了比较全面的论述，包括对数据治理的管理领域、应用领域、生产领域等都有所提及。值得注意的是，当前我国的数据治理正处于第一阶段与第二阶段的交汇期，是为数据治理第二阶段和第三阶段打好基础的关键时期，这决定了当前我国对数据治理体系构建的基础建设需求急切。同时，由于受一定历史条件的限制，第二阶段向第三阶段过渡的时间比较长。

基于以上内容，接下来我们将重点讨论在第二阶段数据治理的具体内容。这是完善我国当前数据治理体系的关键一环，也是我国数据治理最为基础的治理工程。

二、数据价值的挖掘

1. 价值构建与价值变现

数据治理过程中的价值构建过程是大数据在数据挖掘基础上的价值变现过程。在大数据时代，大数据是以容量大、类型多、存取速度快、应用价值高而密度低为主要特征的数据集合，而对大数据时代的数据治理，目前正快速发展为对数量巨大、来源分散、格式多样的数据进行采集、存储和关联分析，从而成为发现新知识、创造新价值、提升新能力的新一代信息技术和服务业态[1]。大数据的“4V”特征是其区别于传统数据的重要特征，但大数据与传统数据在本质上并无太大的差别，都是人类在生产活动过程中的符号记录。然而，随着社会经济和科学技术的不断发展，人类在利用数据能力方面取得了突破性进展，无论是数据的处理加工领域还是数据的管理应用领域，都被人类赋予了新的数据思维和新的数据服务理念。

在大数据时代，人们在生产活动过程中更加强调对社会历史的回顾，更加强调对过往发展经验的积累和反思，从而实现人类自身对未来生产的预测功能。在这样的时代背景下，人们为了使大数据能够更好地发挥其功能，就开始寻找专门能够处理数据的良策，通过对数据的处理加工来厘清人的发展与自然变迁之间的关系，为人与自然的和谐发展奠定基础。这样，人们就能从人与自然的和谐发展中谋得更多有利于人类自身发展的价值与机遇，而这个过程正是数据价值构建与价值变现的过程。数据的价值构建，必须要实现数据价值变现。所谓变现，就是将数据等资产转化为现金的过程。变现的方式可以是将数据卖给第三方，也可以是利用数据开发新的服务[2]。

2. 价值构建与价值变现、价值挖掘的关系

图 1-3 是数据价值构建函数，反映的是因变量（价值变现）与自变量（价值挖掘）之间的函数关系。

在图 1-3 中，当自变量（价值挖掘）处于（$0,a$）的定义域内时，因变量（价值变现）处于（$Y_1,0$）的值域内。在这个区间内，由于数据本身存在格式混乱、共享困难、标准不一，以及数据治理主体的数据管理权责不清晰、数据存储系统有技术障碍等诸多问题，导致数据的管理与应用成本高昂，所以在数据治理过程中，价值变现还处在入不敷出的阶段。但随着数据治

[1] 促进大数据发展行动纲要. http://www.360doc.com/content/16/0914/14/36524367_590742132.shtml.

[2] [美]桑尼尔・索雷斯. 大数据治理[M]. 匡斌，译. 北京：清华大学出版社，2014:4-5.

理主体在价值挖掘工作上的有效投入越来越多，数据中存在价值的可变现程度也越来越高，当数据价值挖掘工作开展到 a 点并持续进行时，数据价值变现就实现了“零的突破”，在价值变现方面表现为数据价值挖掘的成本开始与数据服务收益相互持平。

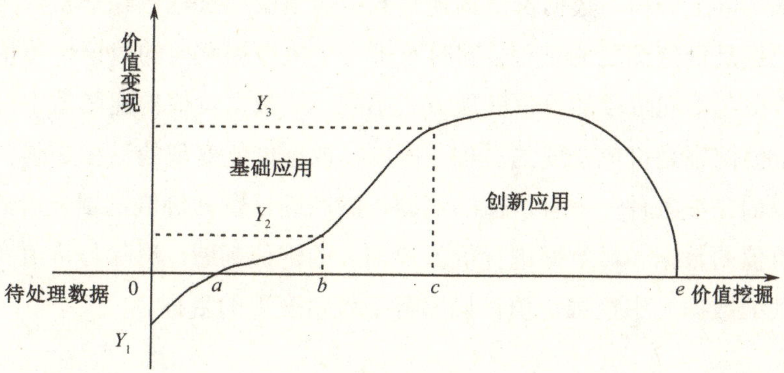

图 1-3 数据价值构建函数（一个生命周期）

在自变量（价值挖掘）逐渐由 a 向 b 移动的过程中，因变量（价值变现）也在不断地由 0 向 Y_2 演变，呈现上升趋势。当自变量（价值挖掘）到达 b 点时，出现了因变量（价值变现）的第二个拐点，价值变现的速度开始加快，直到下一个拐点才有所减缓，原因是在这个区间内，价值构建的工作以数据的分析和运用为主，数据的价值得到充分变现。但是，值得注意的是，当第二个拐点出现时，这时的价值挖掘工作也进入了新的层次，对于基础数据的采集、转换、分组、组织、计算、存储、检索、排序等处理工作和数据的利益协调工作已基本完成。其表现形式是，对于自变量（价值挖掘）处于（0,a）的定义域内的这个时间段所出现的相应问题已基本解决，从而为数据价值变现提供了有利条件，数据价值变现进入基础应用阶段。

当自变量（价值挖掘）到达 c 点时，因变量（价值变现）出现第三个拐点，即基础应用与创新应用的分界点。数据原有的基础价值在某一特定的领域已经消耗殆尽，需要通过创新驱动数据运用，实现数据价值的最大化。随着数据价值的变现能力越来越弱，当自变量（价值挖掘）到达 e 点时，数据的一个生命周期的价值构建完成。通常在此时有两种选择：其一，继续保存数据，等待新一轮的数据开发与运用；其二，按照数据相关管理权限删除数据。

基于以上分析，数据价值构建与数据价值变现过程已经非常清晰——价值挖掘是价值变现的过程，同时对于一个生命周期内的数据价值挖掘过程，数据在不同阶段的价值变现方式不同。从数据价值构建函数中可以看出，价值挖掘是价值变现的过程，所以，数据价值变现的过程必须依靠一个重要的先决条件——有价值的数据，然后进行数据价值挖掘分析，实现从有价值的数据（对数据进行价值挖掘前的价值判断，清除与价值变现目标无关的数据）中挖掘价值，以服务于价值变现的目标。

3. 数据价值挖掘

数据价值挖掘是指基于原始大数据和数据处理规则上的价值变现过程，是一个利益协调的过程。数据价值挖掘涉及多个数据治理领域，包括数据的生产领域、管理领域和应用领域等方方面面，还涉及数据的主体多元性，包括数据制造者、数据收集者、数据处理者、数据应用者和数据监督者，等等。可以看出，当下的数据价值挖掘工作非常复杂，但这并不足以阻挡数据背后隐藏的巨大价值的利益驱动力，无论多复杂的数据价值挖掘过程，都有其可以切入的突破口。通过研究发现，存在一个生命周期的数据价值挖掘流程，如图 1-4 所示。

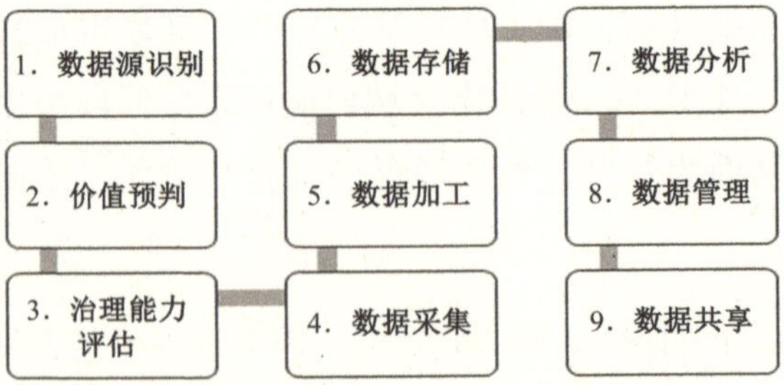

图 1-4　数据价值挖掘流程

图 1-4 中各步骤之间没有严格的时间界定，在数据价值挖掘过程中几个步骤可以同时进行，这样更有利于提高数据价值挖掘工作的质量和效率。下面分析数据价值挖掘的具体过程。

1）数据源识别

数据源识别是以市场需求为导向进行的预测性数据分析过程，在这个过程中，各专业领域根据其各自的视角对预测性数据分析提出内容方面的要求[1]，从而使数据治理主体能够推导出数据挖掘过程中的潜在价值。数据源识别体现的是数据治理主体在市场需求的刺激下对相应的需求数据的敏感程度，包括数据的发源地、数据的性质、数据的规模、数据的主权、数据处理的难易程度、数据获得的可能性等指标。

从数据源识别渠道的角度，可将数据源识别划分为广域网数据源识别和局域网数据源识别两种类型。前者主要通过运用精准搜索或模糊搜索的方式在广域网络空间中寻找多维数据，从而为数据治理主体实现数据价值变现的目标服务，在数据获得的可能性指标上表现为容易获得，但其价值是潜在的，需要对其进行深层分析和处理，加工成本非常高昂；后者主要来源于个人、企业、政府等领域的指向性非常强的数据，其潜在的价值非常大，但数据的主权问题、数据利益协调问题有待解决。

随着大数据时代的不断发展，数据更新迭代的速度越来越快，数据的规模也越来越庞大，无形间给数据源识别增加了很多工作。因此，需要强调的是，数据治理主体在市场需求的导向中不能迷失方向，在数据治理过程中要合理采用数据源识别工具。只有这样，才能确保数据源识别工作高质高效。

---

[1] [德]罗纳德・巴赫曼，吉多・肯珀，托马斯・格尔策. 大数据时代下半场：数据治理、驱动与变现[M]. 刘志刚，刘源，译. 北京：北京联合出版社，2017: 108-111.

2）价值预判

价值预判是指在数据价值挖掘过程中，数据治理主体基于数据源识别进行的价值预估和价值变现的可能性判断，主要是对可能获得的数据与市场需求对接的可能性进行评估。从数据治理主体角度而言，正确的价值预判对于数据治理主体的后期数据价值挖掘工作具有重要的现实意义，决定着数据治理主体是否进行数据采集及加工的目标和方向。没有价值预判的数据价值挖掘过程，很容易在数据价值挖掘的过程中迷失方向和目标，直接导致数据价值变现成本高、利润低。

3）治理能力评估

治理能力评估是指数据治理主体在基于自身数据价值挖掘的能力和水平的基础上做出行动的依据。其行动依据的构成要素包括管理模式、运营模式、业务规模、风险风控能力等，具体表现为该数据治理主体本身所具有的人力、物力、财力等方面的控制能力是否与本次市场需求的供给能力相匹配。

4）数据采集

数据采集是数据收集者最主要的工作。在数据采集过程中，数据收集者主要依据第一阶段的数据源识别的渠道汇总数据，并录入相应的数据存储系统。在这个阶段，要求数据收集者和数据治理过程的监督者积极履行自身的职责。对于收集者而言，数据的采集要有目的性和方向性，要秉持收集有用数据的工作价值观，时刻提醒自己要对收集的数据进行价值预判，将明显不符合数据价值变现要求的数据删除，以确保数据加工阶段的工作正常运行；对于监督者而言，要适当发挥自身在数据收集阶段的监督功能，对于数据采集的过程进行监督，必要时要启用奖惩机制对数据收集者进行工作规范。主要的监督渠道有监督员监督、公众举报、第三方专业调查等。

5）数据加工

数据加工主要是指运用大数据加工平台对数据进行规范化处理，主要包括对结构化数据加工和对非结构化数据加工。数据加工的内容具体如表 1-1 所示。

表 1-1　数据加工内容

加工对象	加工内容
元数据	数据名称、数据格式、数据类型、数据代码、数据摘要、数据获取日期、数据提供方（姓名、联系方式等）、数据收集者姓名及职责、数据加工者姓名及职责、数据编目、数据涉密属性（涉密或非涉密）与共享条件［无条件共享、有条件共享（包括交易、定向共享等）、不共享］等

对于结构化数据的加工，主要是通过对数据格式、标准等的加工，加工完成后将数据成品存入相应的数据存储系统中，其工作量较小。非结构化数据的加工则与结构化数据的加工有很大的不同。对于非结构化数据的加工需要两步走：第一步是对非结构化数据进行结构化转换，主要包括数据的抽取、分类、聚类、压缩、处理、摘要等，从而将数据录入二维表格进行存储；第二步则是重复结构化数据的加工步骤。

6）数据存储

数据存储是指对加工后的数据进行长期保存的过程。但是，由于大数据具有“4V”特征，并在持续不断地发展，这给当下的存储设备提出了很高的要求。目前，对很多组织而言，数据存储是大数据时代数据治理过程中的一个重要挑战。

大数据对存储容量的需求已经超出目前的数据存储能力，我们正处于 PB 级数据存储时代，EB 级存储时代也即将到来，大数据应用的爆发性增长不仅对数据存储的性能及容量提出严峻的挑战，而且对系统具备的数据检索与分析能力提出了更高的要求，大数据的存储系统必须具备快速且及时获取关键价值信息的能力[1]。因此，在数据存储过程中，对存储工具的选择非常重要。数据的存储过程不仅要保证已经加工的结构化数据的质量，还要保证存储数据的安全性及设备的存储容量，更要保证系统工具的性能，从而确保存储到系统中的结构化数据能够被灵活地抽取、修改、再加工、分析、共享、应用等。

7）数据分析

数据分析是基于数据采集、加工、存储的数据而进行的技术处理过程。分析方法有定性数据分析、定量数据分析、描述性统计分析、探索性数据分析及验证性数据分析等。数据分析是数据价值挖掘的核心工作，也是数据价值挖掘中技术要求最高的工作。数据分析的过程不仅需要以分析工作的运行效能和存储能力作为基础支撑，还需要数据分析师熟练掌握大数据分析的技术和技巧，同时还要控制数据分析的效率和分析的质量。

数据分析要求数据分析师能对存储的数据进行关联，从中找出数据与数据之间的内部逻辑关系，以期通过数据分析将隐藏在一批看似杂乱无章的数据中的信息集中、萃取和提炼出来，找出研究数据之间存在的内在规律，从而实现数据系统中存储的数据从无序中建立有序的目的[1]。

8）数据管理

数据管理包括价值挖掘流程管理、数据生命周期管理、数据质量管理、数据安全管理和数据权责管理等。只有在数据价值挖掘过程中嵌入数据管理的要素，才能更有效地促进数据价值挖掘工作提质增效。因此，对于数据价值挖掘过程中的数据管理，需要建立数据管理体系，通过构建包含利益协调机制、监督机制、奖惩机制、权责机制等在内的数据管理体系，实现数据价值变现过程的可管可控。其一，需要建立一个统一的数据资源管理云平台，实现数据的集中管理；其二，建立数据统筹管理单位，打破数

---

[1] 徐继华，冯启娜，陈贞汝. 智慧政府:大数据治国时代的来临[M]. 北京：中信出版社，2014: 100-104.

据管理相互推脱责任的局限，协调多方数据利益相关者，突破数据孤岛的困境，实现数据价值挖掘过程中的科学数据统筹管理；其三，建立统一的数据安全和数据质量监控系统，实现数据价值挖掘过程中的数据安全与数据质量的实时监督；其四，引入管理创新型人才，创新数据管理模式，节约数据管理运营成本。

9）数据共享

数据共享是数据资产的价值流动，是数据在不同用户系统之间的流动过程。在数据价值挖掘过程中，数据共享程度越高，数据价值变现的速度就越快，数据的增值程度就越大。数据共享作为数据价值变现的一个重要手段，对数据的应用具有决定性的作用。但是，当前的数据共享由于受传统数据观念的影响，在共享过程中遇到诸多困难，包括数据共享理念落后、管理难协调、数据标准不一致、数据隐私保护问题、数据知识产权保护问题等，严重阻碍了数据共享的进程。

因此，当前需要数据治理主体探索建立数据共享体系：其一，制定数据隐私保护的法律与制度，规范数据共享行为；其二，制定数据知识产权保护条例，协调共享过程中的数据主权与数据纠纷问题；其三，社会舆论与教育助推数据共享理念文化的发展，为数据共享提供和谐的文化环境；其四，建立统一的数据共享标准，助推数据共享渠道融合等。

第二章

数据共享：从粗放管理到精细治理

政府对公共数据资源进行数据治理可以推动治理结构、服务模式、治理决策和绩效评估的变革，但其目前尚处于粗放式的管理阶段，亟须由粗放式管理模式向精细化治理模式转变，切实做到数据采集精确化、数据存储标准化和数据应用高质化。

实现公共数据资源功能最大化的关键在于促进数据互通流动，而促进数据互通流动的主要举措在于数据资源的共享开放。通过公共数据资源共享，提高数据的交互性，扩大流动范围，促进数据资源的多方利用，从而加速数据的传递、流转和应用，让数据资源具有不断增值的空间和持续发展的生命力，进而实现公共数据资源在提高政府决策能力、促进政府管理升级、创新公共服务方式及助力社会经济增长等多方面的价值提升。

第一节
公共数据资源的特征与权责归属

一、公共数据资源的概念

从广义上说，公共数据资源是政府及公共事业单位在处理公共事务过程中包含的所有数据信息的集合。公共数据资源本质上来源于社会公众，承载主体包括整体政府、行政事业单位、社会团体和社会组织，以及由政策法规授权或委托提供公共服务的企业，涉及政治、经济、科技、文化、地理、产业及组织信息、决策信息、控制信息、协调信息、监督信息和服务信息等多个领域。综上所述，公共数据资源具体是指所有产生并应用于社会公共领域、由整体政府依法进行管理、具有公共物品特性、并能为全体社会公众共同拥有和利用的数据资源。关于公共数据资源相关概念的辨析如表 2-1 所示。

表 2-1　公共数据资源相关概念辨析

<table>
<tr><th>概念</th><th>提供者</th><th>概念区别</th><th>联系</th></tr>
<tr><td>数据资源</td><td>/</td><td>指数据活动中各种要素的总称，既包括数据本身，也包括与数据相关的人员、设备、技术和资金等各种因素</td><td rowspan="4">①公共数据资源是数据资源的主体部分，政务数据资源是公共数据资源的主要来源；
②政务数据资源与公共数据资源的行政主体均为政府部门；
③政务数据资源是政府内部机构的事务管理信息，在一定的历史条件下可以转化为公共数据资源</td></tr>
<tr><td>政务数据资源</td><td>整体政府</td><td>指政府部门在依法履行职能的过程中制作或获取的，以一定形式记录、保存的文件、资料、图表和数据等各类数据资源</td></tr>
<tr><td rowspan="2">公共数据资源</td><td>整体政府</td><td>指政府部门在处理公共事务过程中产生、收集、整理、传输、发布、使用、存储和清理的所有数据信息</td></tr>
<tr><td>公共事业单位</td><td>如行政事业单位、社会团体、农业部门、文化部门、气象部门、环境部门等履行公共事务职能的数据信息</td></tr>
</table>

二、公共数据资源的特征

公共数据资源作为一种生产要素、无形资产和社会财富，其本质特征主要体现在以下几个方面。

1. 公共性

公共数据资源的产出主体是社会公众，目的在于促进公共利益，应当属于“公共产品”范畴，因此公共性是公共数据资源的本质属性，同时“公共”也意味着数据资源的可见性和公开性。

2. 非竞争性

公共数据资源的非竞争性是指公共数据资源在投入市场后不会因为需求的增加而减少公共数据资源对其他人的供应，反而是对公共数据资源的需求越多，公共数据资源的潜在价值越容易被有效开发和利用。

3. 可分享性

公共数据资源作为一种信息资源，具有可分享、可传递的特点。一方面，公共数据资源具有零复制成本的特性，同一信息能被它的传递者和被传递者共同拥有；另一方面，以大数据资源共享平台为主要载体存在的公共数据资源，其传播途径和渠道不会受时间和空间限制，同一信息的传递者和被传递者能够按照自己的意愿进行资源分享和传递。

4. 价值性

物体的价值性主要取决于对该物体的需求度和可用性。公共数据资源作为当代生产力中最活跃的要素之一，在使用过程中具有高使用率和高效益性的特点，通过重复利用和挖掘分析可释放其价值。

三、公共数据资源的权责归属

公共数据资源作为一种数据资产，为了对其进行有序的应用管理，需要对数据的所有权、管理权、使用权、建设权等权利做出明确的界定。具体的数据权责归属划分如下。

1. 公共数据资源的所有权

从归属上来说，公共数据资源的承载主体为整体政府，所以公共数据资源所有权归整体政府，整体政府对数据有管理、支配、处置等权利。

2. 公共数据资源的管理权

管理权可以分为两方面：一方面是公共数据资源的日常维护管理权，由整体政府下各职能部门负责管理；另一方面是公共数据资源的统筹管理权，由整体政府下信息化主管部门进行统筹管理。

3. 公共数据资源的使用权

公共数据资源的使用权是多元化的，因公共数据所涉及的部门广泛，整体政府下各部门单位都拥有对本部门数据的使用权限，但对其他部门的数据资源则需要根据相关管理制度进行有条件的共享使用。

4. 公共数据资源的建设权

公共数据资源的建设权是整体政府赋予单个部门的权力，整体政府下各职能部门能够根据本部门行政职能及业务需求，对各自部门数据进行二次加工建设使用，或者利用本部门数据建设数据库、应用系统等，以便更好地存储、管理、利用部门数据。

— 第二节 —
公共数据资源共享的特征与功能

一、公共数据资源共享的概念

对于公共数据资源共享概念的界定，首先需要了解公共数据资源及数据共享的概念，才能进一步深刻地界定公共数据资源共享的概念。公共数据资源是指政府及公共事业单位在处理公共事务过程中包含的所有数据信息的集合，具体是指所有产生并应用于社会公共领域、由整体政府依法进行管理、具有公共物品特性并能为全体社会公众共同拥有和利用的数据资源。而数据共享是指让在不同地方使用不同计算机、不同软件的用户能够读取他人数据并进行各种操作运算和分析[1]，具体是指不同的数据拥有者通过特定的数据共享渠道提供自己的数据以供他人分析运用的过程。在此基础上，从公共数据资源共享近似公共数据资源与数据共享的有机融合的视角，初步可以将公共数据资源共享概括为政府及公共事业单位将自身在办公过程中所产生的所有数据的使用权向他人转移的过程。但是，这一概念的界定可能会因缺乏对公共数据资源共享的整体认识而有失偏颇，所以需要切实结合当下不同学者对公共数据资源共享的相关研究和具体实践来提升其概念的科学性。下面给出一些学者关于公共数据资源共享的研究成果。

---

[1] 360 百科. 数据共享[Z]. https://baike.so.com/doc/486748-515408.html.

张贝认为："政府信息共享是指社会公众能够享用政府信息，是政府信息优化配置的一种模式，通过协调政府信息在各参与人之间的流转和分布，使得政府信息能够发挥其最大的效能。"[1]樊博认为："政府信息共享以提升政府满意度为中心，实现上下级政府、同级政府不同职能部门之间的信息资源协调运作，将金字塔模式转变为网络模式，是工业社会背景下的传统政府走向信息化的必然方向。"[2]王荫皆认为："政府信息共享是指把政府行政事务处理过程中产生的所有政府信息资源都录入计算机中进行管理，从而成为一种可网络化查询的资源利用方式。"[3]贾丁认为：政府信息共享是指将大量收集到的政府信息进行有效的整合利用，最大限度地发挥信息资源的利用价值，避免由于信息流通的缺乏造成各类不必要的行政开支及拖累整体政府工作效能[4]。

二、公共数据资源共享的特征

1. 多维性共享

公共数据资源共享的多维性包括共享主体的多维性、共享客体的多维性、共享过程的多维性等。共享主体的多维性包括各级政府部门及其内部组织机构与工作人员的多维性；共享客体的多维性主要包括社会公众的需求的多维性；共享过程的多维性包括共享渠道的多维性、管理机制与运作模式的多维性等。

2. 交互式共享

交互可以理解为一种双向互动的性质，公共数据资源共享作为一个系统工程，内部各要素之间相互影响、相互作用，将成为整个系统发展演化

[1] 张贝. 政府组织间信息共享的影响性因素分析——从公共物品理论视角出发[J]. 法制与社会，2008(28): 208-209.

[2] 樊博，孟庆国. 顶层视角下的政府信息共享研究[J]. 现代管理科学，2009(1): 3-5.

[3] 王荫皆. 政府信息共享成本-效益分析[D]. 长沙：湘潭大学，2007.

[4] 贾丁. 政府信息共享研究[D]. 太原：山西大学，2016.

的动力。交互式共享主要是指公共数据资源共享的双向互动模式，在政府及公共事业单位对其公共数据资源进行共享的过程中，公共数据资源共享不是单向流动的，而是会得到数据资源共享的客体的回应和反馈。

3. 集成式共享

公共数据资源的集成式共享主要是指政府的各个部门间能彼此有机、协调地运作，从而发挥整体效益，达到整体化共享的目的。具体表现为各个部门之间通过有效沟通，相互促进资源共享政策完善，更好地利用有利的共享工具和共享媒介，有机地协调共享主体之间、共享主体与共享客体之间的利益关系，从而推动公共数据资源共享的价值最大限度地发挥，以及公共数据资源共享服务的高质量供给，最终实现公共数据资源共享的协同化、整体化可持续发展。

三、公共数据资源共享和开放的联系与区别

公共数据资源共享和开放的联系与区别如图 2-1 所示。

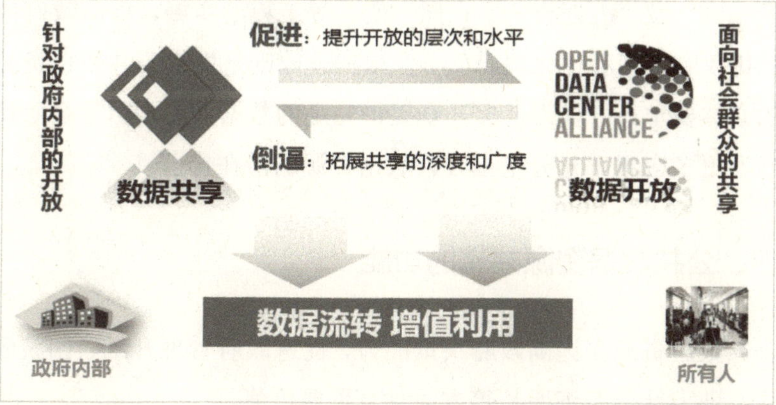

图 2-1　公共数据资源共享和开放的联系与区别

1. 公共数据资源共享和开放的联系

公共数据资源共享（简称数据共享）是针对整体政府内部公共数据资

源的开放，而公共数据资源开放（简称数据开放）是对外部全社会的公共数据资源的共享。一方面，公共数据资源共享与开放均是实现数据服务创新的必经之路。通过数据共享可助力整体政府内部对数据资源的综合利用，通过数据开放可实现社会各界对数据资源的多方创新增值利用，两者均以更大限度发挥数据资源的价值为出发点。另一方面，两者相互作用，相互促进。数据共享可促进数据开放，通过数据共享可以提升数据开放的层次和水平；数据开放倒逼数据共享，通过数据开放可以拓展数据共享的深度和广度。

2. 公共数据资源共享和开放的区别

首先两者服务的对象不同。数据共享主要是整体政府内部间根据各职能单位需求共享数据，而数据开放强调的是非歧视性和开放授权性，即开放的数据是面向社会公众的，所有人均可无条件、无限制地免费使用；其次两者产生的效益不同。数据共享是整体政府内部对数据应用的优化，是政府深化简政放权、放管结合、优化服务改革的基础，可以推进政府“一号一窗一网”及“五证合一、一照一码”等工程的实施，提高政府决策能力、强化政府管理和优化政府服务。数据开放则是促进公共数据资源增值利用的必然要求，可以为社会公众提供充足的数据资源，引导企业和社会机构开发更多应用，充分挖掘公共数据资源的潜在价值。

四、公共数据资源共享的功能

公共数据资源在提高政府决策能力、促进政府管理升级、创新公共服务方式及助力社会经济增长等方面具有重要价值。

1. 提高政府决策能力

科学决策建立在决策依据的基础上，而科学的决策依据需要数据支撑。通过对公共数据资源融合分析，揭示公共事务的内在关联，找出公共数据资源背后隐藏的事物发展规律和趋势，可为政府各个阶段的决策提供翔实、科学的数据支持，促使决策由“事后诸葛”向“事前预测”转变，提高政府决策能力。例如，在自然灾害应对方面，通过抓取气象局、地震局的气象历史数据、卫星云图变化历史数据，以及城建局、规划局等部门的城市规划和房屋结构数据等数据源，构建大气运动规律评估模型，采用气象变化关联性分析等路径，精准预测气象变化，寻找最佳的解决方案，规划应急、救灾工作。

2. 助力政府管理升级

利用公共数据资源共享倒逼流程变革，可以为政府管理由粗放向精细化转型提供支撑，从而助力政府管理升级。一是借助公共数据资源共享，促进管理范式变革，推动政府从“权威管理”向“科学管理”转变；二是提升政府的风险防范能力，加强事中事后监管服务，提高政府管理的精准性、针对性；三是实现政府透明化管理，调动全社会参与社会治理的积极性，完善监督和技术反腐体系，促进政府简政放权和依法行政。如佛山市数据银行通过运用大数据手段对工商、税务等部门的海量数据进行充分挖掘和利用，构建了市场监管的新模式，实现了对市场主体的科学管理。

3. 创新公共服务体系

利用公共数据资源共享打通政府各部门之间的数据壁垒，盘活公共数据资源，创新政府公共服务理念和服务方式，一方面促进商事服务简便化，推动行政审批事项简化、下放、合并和取消，使服务模式更加便捷有效且更有针对性；另一方面加快民生服务普惠化，推动传统公共服务数据与新兴技术设备数据汇聚整合，开发便民应用，优化公共服务资源配置，提升公共服务水平。例如，2015 年 6 月，佛山市交通部门与第三方公司签订了交通数据交换和合作运营协议，将公交车的定位数据和停车场的空置数据以服务运营模式交付第三方使用，由第三方公司免费向市民提供更优质的公共服务，有效地节约了财政在信息化领域的资金投入。

4. 促进数据社会增值

公共数据资源作为无形资产，具备供应方规模经济“生产得越多，用得越多，效益越好”的特性，而数据共享为数据开放提供了充足的资源，使数据能在持续开放的过程中不断增值。数据开放增值推动跨领域、跨行业的数据融合和协同创新，探索形成协同发展的新业态、新模式，培育新的经济增长点，使公共数据资源共享与开放的功能最大化。例如，佛山市南海区通过建立“数说南海”平台开放共享数据，优化资源配置，提高社会运行效率；加速推进基层治理体系与能力现代化，打造阳光政府；以数据应用驱动社会创新，优化城市管理与产业发展生态，在数据不断循环利用的过程中，最终实现政务数据价值创新。

—第三节—
公共数据资源共享的要点与难点

一、公共数据资源共享的要点

如何有效促进公共数据资源共享，发挥其在推动政府职能转变、强化社会管理和公共服务中的作用，是当前社会研究的重要课题。结合目前公共数据资源发展的实践经验来看，公共数据资源共享的要点主要包括基础设施建设、标准规范确立、应用服务普及、管理制度制定和信息安全保障五个方面。

1. 基础设施是基础

基础设施为公共数据资源发展提供基础的运行载体及互联互通的运行环境，是公共数据资源共享发展的基础。公共数据资源的基础设施主要包括政务云平台、数据平台和数据库等，其中政务云平台是数据统筹、数据存储、数据共享及数据应用的运行载体，能够把所有公共数据资源统一接入和管理起来；数据平台主要包括数据报送平台、数据运维平台、数据共享交换平台和数据开放平台等，是数据资源获取、传输及应用的重要媒介；数据库主要包括人口、法人、空间地理、宏观经济和政务服务等，能够针对数据特性和联系进行分类，便于数据的有效应用。

2. 标准规范是支撑

制定健全的标准规范体系是满足公共数据资源共享的客观需求，是公共数据资源共享井然有序进行的有力支撑。为有效解决数据共享标准不统一等难题，公共数据资源标准规范体系建设应重点做好以下几方面的工作：一是公共数据资源目录体系的标准规范，对公共数据资源进行标准化编目，并对产生的元数据进行集中化管理与维护，提供公共数据资源的查询、检索和定位服务；二是数据标准的规范，规范公共事务过程中产生、收集、传输、发布和存储数据信息的标准，有效解决数据重复采集、标准差异大等问题，加强数据来源的一致性和权威性；三是技术标准的规范，包括对数据平台标准、系统接口标准及数据库标准等的规范，提高数据引导、数据获取和互动交流等方面的交互便捷性，加大公共数据资源共享力度。

3. 应用服务是核心

应用服务是公共数据资源共享的基础，通过公共数据资源的应用服务，可以有效推动经济发展、完善社会治理、提升政府服务和监管能力，对改善民生也有重大意义。可以从以下几个方面体现公共数据资源共享应用服务的价值：第一是创新社会治理模式。通过对公共数据资源的应用，促进社会治理理念、社会治理结构、社会治理方式的转变；第二是建立运行平稳且安全高效的经济运行新机制，促进经济发展平稳运行；第三是构建以人为本、惠及全民的民生服务新体系，建设服务型政府；第四是促进供给侧结构性改革向纵深推进，培育新的经济增长点。

4. 管理制度是关键

一套完整的管理制度是公共数据资源共享工作流程中每一步工作有章可循、有“法”可依的关键。通过制定长效的管理制度机制，可有效保障政府在信息化建设过程中对共享的种类划分、内容界定、交换方式和日常运作等进行规范管理。公共数据资源共享的管理制度制定应重点做好以下几方面的工作：一是完善信息化项目管理制度，加强项目立项、申报、审批、验收全流程闭环管理，并把数据共享与项目管理有机融合起来，有效促进部门间的数据共享；二是完善公共数据资源跨部门共享的协调机制，有效实现公共数据资源跨部门互通共享，激活部门间公共数据资源的潜在价值；三是完善绩效考评机制，将考评目标进行细化和适度指标化，突出考评目标的战略性，同时加强过程管理，实现绩效考评动态化。

5. 数据安全是保障

公共数据资源由于自身固有的属性特征，其安全问题更应受到重视。在公共数据资源共享过程中，要重点做好以下工作来保障数据安全：一是要做好数据分级，针对不同级别的数据采用不同的保障机制，确保公共数据资源在可共享的范围内共享；二是数据共享前需要做好数据涉密审查、数据脱敏等工作，重点加强个人隐私与企业商业秘密的保护；三是提升数据管理平台的防护能力，做好权限管理，物理隔离与网络防护并重，确保数据管理平台安全；四是要加强数据共享的过程管理，明确数据资源供需双方的责任权利，杜绝数据外循环，保证数据资源在共享过程中安全可控。

二、公共数据资源共享的难点

“十三五”规划明确提出：“实施国家大数据战略，推进数据资源开放共享。”但目前公共数据资源的共享条件尚未成熟，成功的实践案例相对较少，可借鉴经验有限，工作上仍存在多种制约条件和实施难点，主要归结为公共数据资源供需均衡难、数据采集难、统筹协调难、安全保障难等。

首先，公共数据资源供需失衡是数据资源共享过程中的本质问题，也是一个亟待解决的难题。随着信息化发展由 IT 时代走向 DT 时代，发展驱动由技术驱动转变为数据驱动，数据资源在技术、业务和应用等方面的需求日益增多。但由于受主观意识、制度保障及利益驱动的影响，公共数据资源的供给难以满足对数据的需求，导致数据共享的供需失衡。

其次，数据采集是政府在公共数据资源共享建设进程中面临的一个极大的挑战。处理公共事务过程中产生、收集、传输、发布及存储的数据信息错综复杂，数据内容、数据格式和数据质量千差万别；缺乏完善的数据共享机制，虽然目前有些地方政府已经出台相关的政策、规定和条例，但基本局限于部门内部使用，对数据共享存在多种限制，难以保障公共数据资源共享工作有序进行。

再次，由于各地方数据基础差异较大，如何综合各地方的数据共享发展情况，制定统一的数据标准及管理机制，是公共数据资源共享建设的一大难点。

最后，随着信息化技术及应用的蓬勃发展，数据资源的数量和价值快速攀升，新情况、新问题层出不穷，按照当下数据共享建设条件，难以确保数据安全。

— 第四节 —
公共数据资源共享的整体现状及发展趋势

一、公共数据资源共享的整体现状

随着大数据时代的到来，数据资源已经成为重要的战略资产，在全球范围内引起了各行各业的关注与重视。公共数据资源共享正逐渐成为时代潮流，为了更好地把握国内外数据共享现状，下面从政策法规、数据应用、共享需求和技术条件四个维度入手对数据共享现状进行深入分析和总结。

1. 政策法规逐步完善

伴随大数据时代的来临，世界各国对数据的重视程度上升到了前所未有的高度，纷纷将数据共享纳入国家发展战略，积极建立适合本国国情的数据共享政策法规体系，并根据数据共享发展实情及需求逐步完善。

在国内，数据共享政策法规体系建设起步相对较晚，但受重视程度高、发展速度快，政策法规也正逐步规范完善，为数据共享资源规划、建设和管理提供保障，构筑国家信息优势。

国内外数据共享开放政策梳理如表 2-2 所示。

表 2-2 国内外数据共享开放政策梳理

国家	相关政策	年份	内容
美国	《联邦政府信息资源管理 A 130 通告》	1985	政府数据是全民有价资产；免费向群众提供政府数据是政府的法定义务和责任
	《联邦资金问责和透明法案》	2006	建立在线数据库，便于公众查询联邦资金组织机构的有关信息，加大了对联邦财政支出的监督力度
	《信息自由法》	2009	推动信息公开，所有行政机构做出对遵守《信息自由法》原则的承诺
	《透明和开放政府备忘录》	2009	提出何种信息公众最需要；如何增加公众参与度；政府如何与公众协作
	《开放政府令》	2009	细化政府开放数据行动内容，包括在线发布信息、公开政府支出、提高信息质量、共享开放经验等
	《13556 号总统令》	2010	为敏感但非涉密信息创建开放、标准的系统，避免过度隐瞒
	《13563 号总统令》	2011	创造开放的信息交流环境，允许公众对制度草案提出意见和建议
	《数字政府：建设 21 世纪更好服务美国人民的信息平台》	2012	提出电子政府的战略目标，数据服务概念模型和以信息为中心、以用户为中心的战略举措
	《开放数据政策——将信息作为资产进行管理》	2013	提出信息是国家资源和战略资产，将数据资产开发列为国家战略行动目标
	《实现政府信息公开化和机器可读取化总统行政命令》	2013	政府信息以公开化和机器可读取化为基本形态；将政府数据作为关键资产进行管理；社会公众随时、随地通过任何终端设备检索和获取数据
	《美国开放数据行动计划》	2014	指导各机构将信息视为公共资产并作为公共物品开放，从而提高政府工作效率、管理效率，改进政府问责，促进私营部门创新，鼓励开放数据项目；较系统地阐述了美国政府数据开放的框架
	《数字问责和透明度法案》	2014	美国首个关于数据透明度的法律授权。它要求财政部及白宫行政管理和预算办公室将与联邦支出相关的非连接文件转换成开放的、标准化的数据，并在网上公布

续表

国家	相关政策	年份	内容
英国	《信息公开法》	2000	公民享有数据权；设立信息专员与专门委员会；设定信息公开豁免范围
	《国家数据开放行动方案》	2011	提出集中开放数据
	《开放数据白皮书》	2012	公开财政支持的研究数据，提出应使公共数据价值最大化
	《政府数字化战略》	2012	要求推动数字化服务，提高政府服务水平
	《开放政府合作伙伴 2013—2015 英国国家行动方案》	2013	提出推动数据开放，提高政府诚信、财政透明度、公民授权等
	《英国数据能力发展战略规划》	2013	重视数据安全和隐私保护，完善开放数据相关法律和制度
	《统计资料与数据开放——开发未利用的知识，赋予公民权利，提升政府服务质量》	2014	通过立法保障数据开放的合法性和强制性；采用“数据双轨制”的发布方法，即根据数据的可访问性和利用程度采用两种发布机制，一种是快速发布无须处理直接访问利用，另一种是需要数据学家整理并以高标准发布。这样可促使英国政府履行“即使不完美也要发布”和“以高质量为核心”的承诺
日本	《宪法》	1946	第二十一条突出“表达自由”，日本最高法院将其解释为知情权
	《行政组织信息存取法》	1999	第二条 6（2）项对行政文件进行定义，对非公共部门信息的范畴进行界定
	《日本公共文件和档案管理法案》	2009	第二条对公共文件进行重新定义，范围包括政府机关文件及转移给日本国家档案局的历史文件
	《电子政务开放数据战略草案》	2012	允许公民浏览中央部委和地方省厅公开数据的网站，行政信息全部公开
	《面向 2020 的 ICT 综合战略》	2012	推动大数据的智能化开发及其在公共服务领域的应用
	《“开放数据行动计划”(2013)》	2012	提出通过大数据和开放数据开创新市场
	《新 IT 战略宣言“创建最尖端 IT 国家”》	2013	将公开数据和大数据作为新 IT 国家战略的核心内容
	《ICT 增长战略 II》	2014	推动政府数据开放

续表

国家	相关政策	年份	内容
中国	《中共中央办公厅 国务院办公厅关于转发<国家信息化领导小组关于我国电子政务建设指导意见>的通知》（中办发〔2002〕17 号）	2002	规划和开发重要政务信息资源。国家要组织编制政务信息资源建设专项规划，设计电子政务信息资源目录体系与交换体系；启动人口基础信息库、法人单位基础信息库、自然资源和空间地理基础信息库、宏观经济数据库的建设
	《中共中央办公厅 国务院办公厅关于加强信息资源开发利用工作的若干意见》（中办发〔2004〕34 号）	2004	充分发挥信息资源开发利用在信息化建设中的重要作用，推进经济结构调整和经济增长方式转变，实现经济社会全面协调可持续发展
	《2006—2020 年国家信息化发展战略》（中办发〔2006〕11 号）	2006	加强信息资源的开发利用；建立和完善信息资源开发利用体系；加强全社会的信息资源管理
	《中华人民共和国政府信息公开条例》（国务院令第 492 号）	2007	政府信息公开的原则；政府信息公开的范围；政府信息公开的方式和程序；政府信息公开的监督和保障
	《国务院办公厅关于促进电子政务协调发展的指导意见》（国办发〔2014〕66 号）	2014	强化国家基础信息资源开发利用；推进信息资源共享共用和数据开放利用
	《关于运用大数据加强对市场主体服务和监管的若干意见》（国办发〔2015〕51 号）	2015	进一步加大政府信息公开和数据开放力度；积极推进政府内部信息交换共享；加强和规范政府数据采集；建立政府信息资源管理体系；加强政府信息标准化建设和分类管理
	《国务院关于印发促进大数据发展行动纲要的通知》（国发〔2015〕50 号）	2015	加快政府数据开放共享，推动资源整合，提升治理能力
	《关于全面推进政务公开工作的意见》（中办发〔2016〕8 号）	2016	加快推进政务全过程公开；进一步拓宽政务公开的范畴；不断提升政务公开能力；不断夯实政务公开组织保障
	《“十三五”国家战略性新兴产业发展规划》（国发〔2016〕67 号）	2016	落实大数据发展行动纲要，全面推进重点领域大数据高效采集、有效整合、公开共享和应用拓展，完善监督管理制度，强化安全保障，推动相关产业创新发展
	《大数据产业发展规划（2016—2020年）》（工信部规〔2016〕412 号）	2016	建立大数据产业公共服务平台；建立大数据开源社区；在全国建设若干国家大数据综合试验区，在大数据制度创新、公共数据开放共享、大数据创新应用、大数据产业集聚、数据要素流通、数据中心整合、大数据国际交流合作等方面开展系统性探索试验，为全国大数据发展和应用积累经验

续表

国家	相关政策	年份	内容
中国	《国务院办公厅关于转发国家发展改革委等部门推进“互联网+政务服务”开展信息惠民试点实施方案的通知》（国办发〔2016〕23 号）	2016	统筹整合建设覆盖全国的数据共享交换平台体系，统一管理政务信息资源目录，实现与人口、法人、空间地理、电子证照、社会信用等基础信息库和业务信息库的联通，逐步推进各级共享交换平台对接，支撑政务信息资源跨部门、跨层级、跨区域互通和协同共享
	《国家信息化发展战略纲要》	2016	要求将信息化贯穿我国现代化进程始终，加快释放信息化发展的巨大潜能，以信息化驱动现代化，加快建设网络强国
	《国务院关于印发政务信息资源共享管理暂行办法的通知》（国发〔2016〕51 号）	2016	我国第一份关于政务信息资源共享的规范性文件，明确了政务信息资源共享的具体要求
	《国务院关于印发“十三五”国家信息化规划的通知》（国发〔2016〕73 号）	2016	建立统一开放的大数据体系；加强数据资源规划建设；推动数据资源应用；强化数据资源管理；注重数据安全保护
	《“十三五”国家信息化规划》	2016	推动数据资源共享开放；构建全国信息资源共享体系；稳步实施公共信息资源共享开放；规范数据共享开放管理
	《政务信息系统整合共享实施方案》（国办发〔2017〕39 号）	2017	推进整合，加快部门内部信息系统整合共享；设施共建，提升国家统一电子政务网络支撑能力；促进共享，推进接入统一数据共享交换平台；推动开放，加快公共数据开放网站建设；强化协同，推进全国政务信息共享网站建设；完善标准，加快构建政务信息共享标准体系
	《关于印发<政务信息资源目录编制指南（试行）>的通知》（发改高技〔2017〕1272 号）	2017	指导国家政务信息资源目录的编制，以及对基于国家数据共享交换平台、国家政务数据开放网站的政务信息资源进行管理、共享交换和开放发布等。各地政务信息资源目录的编制、管理等可参照其执行

续表

国家	相关政策	年份	内容
中国	《国务院办公厅关于推进社会公益事业建设领域政府信息公开的意见》（国办发〔2018〕10号）	2018	按照党中央、国务院关于全面推进政务公开工作的部署和要求，准确把握社会公益事业建设规律和特点，进一步加大信息公开力度，明确公开重点，细化公开内容，增强公开实效，不断提升社会公益事业的透明度，让人民群众享有更多的获得感、幸福感、安全感，增强对党和政府的信任
	《国务院办公厅关于印发2018年政务公开工作要点的通知》（国办发〔2018〕23号）	2018	着力提升政务服务工作实效；着力推进政务公开平台建设；着力推进政务公开制度化、规范化
	《2018年政务公开工作要点》	2018	围绕建设法治政府全面推进政务公开；围绕重点领域加大主动公开力度；推进网上办事服务公开；着力推进政务公开平台建设；贯彻落实政府信息公开条例；做好基层政务公开标准化、规范化试点总结验收工作；加强政府信息公开审查工作；全面推行主动公开基本目录制度；建立健全公共企事业单位信息公开制度

2. 数据应用方兴未艾

在政策的引领下，数据共享开放探索不断增多，数据资源价值正逐步被激活。首先，全国各地政府部门纷纷统筹建立统一的公共数据资源共享平台，通过平台共享各部门的数据资源已经成为一个通行的做法。其次，社会对于共享数据的利用不断增多，参与热情也不断增强，不断激发公共数据资源的潜在价值。最后，政府部门纷纷意识到数据决策的重要性、科学性，正逐步应用数据共享提升政府决策能力，实现用“数据说话”，优化决策过程。总体而言，目前数据资源已经得到一定程度的应用，但依然存在创新应用领域不广、程度不深等问题。

3. 共享需求日趋强烈

当前，政府部门、社会及个体对于公共数据资源共享与开放的需求不断增强，亟须满足。一是政府治理能力现代化需求。推进国家治理体系和治理能力现代化有赖于公共数据资源充分共享。二是创新创业、经济转型需求。个人、企业运用公共数据资源进行创新创业、转型升级，从而带动全社会经济转型升级。三是通过数据共享变“用户跑腿”为“数据跑腿”，进一步方便群众办事；通过公共数据资源的挖掘应用，为用户提供精准服务，进一步满足群众对办事便利化、服务个性化的需求。

4. 技术条件逐渐成熟

日渐发展完善的技术为公共数据资源共享提供支撑。一方面，我国在信息化领域技术研发能力不断增强，为公共数据资源的采集、存储、加工和应用等各环节提供了有力的技术支撑，信息化程度不断提高，为公共数据资源共享创造了条件。另一方面，我国政务信息平台不断发展和完善，政府部门间的公共数据资源共享越来越频繁，不同领域间的业务协同建设也取得了相应进展，随着共享需求的不断增加，国家财政部门对公共数据资源共享平台的建设投入逐渐增大，为数据共享应用提供了有利的基础条件。

二、公共数据资源共享的发展阶段

随着全球信息化快速推进，公共数据资源经历了不同阶段的发展和转型。公共数据资源共享的发展主要分为“存”“管”“用”三个阶段（见图 2-2），并随着技术的发展逐步更新和交叉迭代。

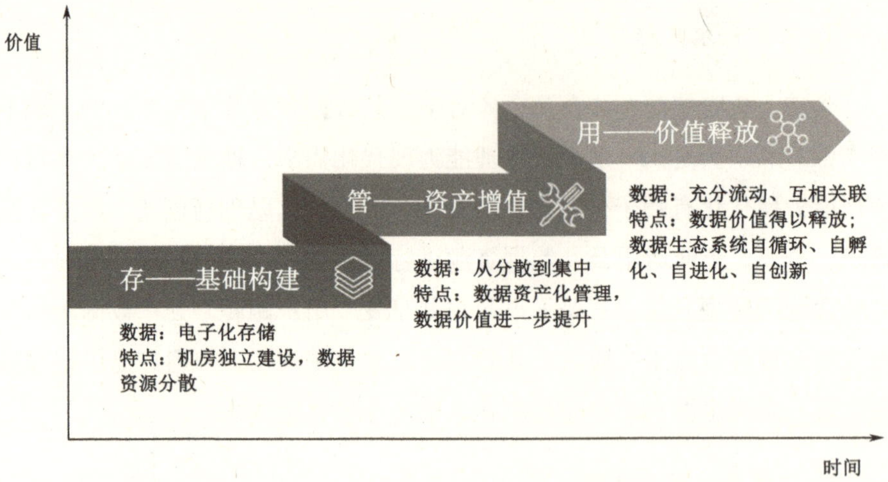

图 2-2 公共数据资源共享发展阶段

1. 存——基础构建

自 1999 年正式启动“政府上网工程”之后，公共数据资源的开发与建设得到进一步重视，各地政府部门纷纷建设了独立机房，并以各自业务为主线构建了独立的垂直业务应用系统，实现了线上办公，这一阶段可以理解为“独立存起来”，即数据实现电子化，并存储在部门数据中心。但由于这一阶段数据共享只是内部某个单位应用一个或多个系统进行内部的业务流通，政府部门过多地注重其内部数据电子化建设和系统化办公，忽略了部门之间的数据共享和业务协同。

2006 年 3 月，在国家信息化领导小组发布的《国家电子政务总体框架》中，明确提出政务信息资源开发利用是电子政务建设的核心，要实现信息资源横向共享和纵向汇聚，逐步实现政务信息按需共享。以需求为导向，各级政府纷纷成立了信息化部门，并依托政务云建设，设立数据中心，推动机房集约化发展，实现数据物理集中，这一阶段可以理解为“集中存起来”。与此同时，各地政府部门开始探索数据资源目录体系、数据共享交换平台等工程建设，拓宽数据共享的渠道和方式。但这一阶段更加注重部门之间数据的集中与统筹，对数据的管理和应用尚未进行深入研究。总体而言，无论是数据的“独立存起来”还是“集中存起来”，都是将数据进行电子化归档存储的过程，此阶段是数据共享的前期阶段，通过数据资源的电子化、结构化存储，为公共数据资源共享奠定了基础。

2. 管——资产增值

2015 年 8 月，国务院发布《促进大数据发展行动纲要》，其中提到“数据已成为国家基础性战略资源”，数据资源也正和土地、劳动力、资本等生产要素一样，成为促进经济增长的基本要素，因此有效的数据管理十分必要。政府部门以统一的基础平台为依托，通过数据统筹，开始逐渐侧重于数据的管理和标准化建设，从数据采集、数据加工、数据管理等数据生产链条着手，加强数据资产化管理，这一阶段可以理解为“管起来”。这一阶段充分盘活了政府数据资源，实现数据资产化管理，使得政府部门能快速、及时、方便、准确且安全地访问整合过的数据，但在数据挖掘、数据应用等方面有待进一步加强，数据价值尚未得以充分发挥。

3. 用——价值释放

随着大数据、人工智能等技术的发展，政府部门数据价值挖掘、数据应用的能力逐渐加强，通过对数据进行挖掘分析，做出人类大脑认知范畴之外的判断，并将其应用到政务服务、社会治理等方面，实现服务智能化、社会治理现代化，这一阶段可以理解为“用起来”。在此阶段，以数据管理平台为中心，连接各类智能应用的智能生态逐步形成。通过“数据—应用—数据”的完整闭环结构，打破产业边界、组织边界、创新边界，数据流入各个价值节点，整体产生聚变效应，不断创造新的智能服务和更大的用户价值。另外，通过生态系统的自循环、自孵化、自进化、自创新，持续创造全新的价值，不断释放数据活力。

公共数据资源共享发展阶段对比如表 2-3 所示。

表 2-3　公共数据资源共享发展阶段对比

阶段	载体	数据	应用	特点
存	数据机房	电子化	业务系统	机房独立建设，数据资源分散
管	数据管理平台	从分散到集中	综合治理网格化	数据资产化管理，数据价值进一步提升
用	智能生态	从物理集中到相互关联	智能化	数据充分流动，数据价值得以释放；数据生态系统自循环、自孵化、自进化、自创新

三、公共数据资源共享的发展趋势

信息技术与经济社会的交汇融合引发了全球数据迅猛增长，数据已成为国家基础性战略资源，正日益对生产、流通、分配、消费活动及经济运行机制、社会生活方式、国家治理能力产生重要影响。在数据共享的需求不断增多、数据技术领域的研究不断深入的双重推动下，未来大数据正向着数据资产化、管理精细化、应用普惠化、产业生态化和服务智能化五大方向发展。

1. 数据资产化

当前，全球数据的增长速度每两年翻一番且呈现加速增长趋势。此外，值得注意的是，在当前已有的大数据中，有 80%的数据都是近两年产生的，为应对数据加速增长带来的数据价值变现的挑战，大规模的数据正在向资产化转变。因此，各个领域都正在着力开展公共数据资源梳理、资产目录编制和登记工作，特别是在明确公共数据资源共享的界限，有效将孤立的、被部门分割的数据整合时花费了数据治理部门大量的物力和财力。但是，一系列的数据梳理工作并没有白费。目前，公共数据资源主管部门对数据资产进行统筹、管理和运营的工作已取得显著成效，在数据资产分级存储、全生命周期管理、溯源关系管理和数据价值分层管理等方面，有效实现了数据资源向数据资产的转变，提高了公共数据资源共享效率。在数据资产化的推动下，政府下一阶段将聚焦数据资产清晰化建设，公开数据共享的资产目录，各部门内部已经共享的数据资产逐渐明晰，有力促进资产的优化配置和合理流动，逐步实现数据资产化。

2. 管理精细化

随着公共数据资源应用不断深入，社会结构分化和利益需求多样化给数据资源管理模式带来巨大挑战。目前，传统的粗放式管理思维及笼统的处理方式已经难以适应数据资源的迅猛发展，未来政府数据管理将逐渐由“管理粗放式”向“管理精细化”转型，实现管理细节化与系统化的有效转变。下一阶段，数据共享将以“精、准、细、严”为管理核心，将精细化管理理论和方法引入数据共享的各个环节，以“技术—治理”型逻辑为引导，促进数据统筹部门的“精明作为”和其他主体的能动性参与相结合，在理念创新、流程塑造、标准设置、工具科学化等中微观层面逐步实现精细化管理。

3. 应用普惠化

随着数据可视化的稳步发展，社会各界对大数据的认知壁垒逐渐降低，大数据正逐渐从时髦热词走向应用实践，从专家研究走向大众服务应用。数据正在“化大为小”，变身一个个 App 软件、一部部终端，和人们的衣食住行联系得越来越紧密，与企业发展和城市治理息息相关。未来，数据应用将以百姓衣食住行更加便捷、企业发展定位更加精准、城市管理更加智慧为发展目标，增设更多以便民惠民为核心的普惠化应用，逐步实现数据应用普惠化。

4. 产业生态化

全球范围内，公共数据资源共享产业生态化正加速成为数据领域发展的热点。就目前而言，我国的公共数据资源在数据的资产化方面已基本发展成熟，以数据资产为核心的数据产业生态服务链条也正在形成。下一阶段，我国可以遵循产业生态学的基本规则，以“数据—应用—数据”循环理念为向导，以“需求导向，供给驱动；政府引导，企业主导；顶层统筹，示范引领”为原则来塑造公共数据资源共享产业生态系统，在公共数据资源共享的各个环节注重数据资源的循环利用，提升公共数据资源的复用能力，逐步实现产业链条长、辐射作用强、产业关联度高、资源循环使用率高的数据产业生态化体系。

5. 服务智能化

随着公共数据资源共享基础设施建设不断完善，各种各样的公共数据资源逐渐集中应用，为社会服务形式升级提供基础条件，推动服务产业逐渐由信息化阶段向智能服务阶段过渡，从而实现按需和主动的智能服务。服务智能化已经成为各级政府部门的关注点，也是数据应用服务发展的必然趋势。未来，政府部门可以在公共数据资源共享发展的基础上，以百姓需求为向导，以互联网为支撑，通过公共数据资源共享积累的数据，构建需求结构模型，进行数据挖掘和商业智能分析，并进一步挖掘显隐性需求，一方面主动为用户提供精准、高效、个性化的智能服务，另一方面也为服务的运营者带来更高的管理效益和社会价值，使公共数据资源共享价值最大化，逐步实现具备多维度、多层次感知和主动、深入分析功能的智能服务。

— 第五节 —
公共数据资源共享粗放式管理存在的问题

政府的公共数据资源隐藏着巨大的应用价值，如果能将已有的公共数据资源充分利用起来，将会对提高政府决策能力、促进政府管理升级、创新公共服务方式及助力社会经济增长等起到重要的推动作用。基于对公共数据资源共享的整体现状及趋势的分析可知，社会发展对公共数据资源共享的需求日益强烈，公共数据资源共享的技术条件也日趋发展成熟，公共数据资源共享朝着资产化、精细化、普惠化、生态化、智能化方向发展的潮流已经不可阻挡。

众所周知，公共数据资源共享价值的实现是以公共数据资源本身的高质量为基础和前提的，这就要求政府在推动公共数据资源共享的过程中，必须处理好公共数据资源的质量问题，要严格把关公共数据资源共享前的“存、管、用”等不同阶段的数据治理。但无论如何，对公共数据资源的治理是公共数据资源共享发展的机遇。

政府对公共数据资源进行数据治理是一场推动治理结构、服务模式、治理决策和绩效评估的变革，但由于目前尚处于粗放式的管理阶段，存在共享平台“统”而不“通”、业务信息“拥”而难“用”、数据资源“汇”而不“惠”，以及管理制度“兴”而难“新”等问题，亟须由粗放式管理模式转变为精细化治理模式，切实做到数据采集精确化、数据存储标准化和数据应用高质化。

2016年，李克强总理在全国推进简政放权放管结合优化服务改革电视电话会议上指出“目前我国信息数据资源80%以上掌握在各级政府部门手里，‘深藏闺中’是极大浪费”[1]。2017年5月18日，国务院发布《政务信息系统整合共享实施方案》，旨在按照“内外联动、点面结合、上下协同”的工作思路，一方面促进“五个统一”，统筹谋划，锐意改革，另一方面抓好“十件大事”，重点突破，尽快见效，更要求在2018年6月底初步实现国务院部门和地方政府信息系统互联互通。这表明，国家层面在多年摸索的基础上，找到了一条公共数据资源治理的渐进、明细、实效路径。

信息社会向纵深发展，大数据作为战略性资源的价值正在快速提升。完善数据共享机制环境，实现信息资源整合共享，盘活公共数据资源，对促进经济转型升级，推进政府治理能力现代化，具有十分重要的战略意义。目前，中国在大数据发展和应用方面已具备一定的基础，拥有市场优势和发展潜力，必须因势利导、顺势而为，牢牢把握这一战略机遇[2]。

一、公共数据资源共享的价值需求

1. 数据时代的把握

放眼全球，政府数据的共享已成为各国政府的重要工作任务之一。美国、英国等较早进行了尝试。例如，美国根据国会批准的联邦《信息自由法》，在进行科学数据发布应用时遵循无偿、无限制和无歧视三个原则，国有的科学数据按传输或低于传输的成本分发。政府的大部分数据没有版权限制，无须征得许可或告知数据提供者数据用途，任何单位和个人可对联邦政府数据进行自由拷贝、分发、销售或实行使用[3]。英国在2013年10月31日发布了《把握数据带来的机遇：英国数据能力战略》，目的是在

[1] 张砥. 在信息公开问题上政府的“说”就是“做”[N]. 北京日报，2016- 05-13(3).

[2] 张紫. 加快公共数据开放共享[J]. 计算机与网络，2015，41(22):9.

[3] 张子淇，姜涵. 美国数据开放七年的经验与启示[J]. 通信世界，2016(24):27-28.

信息经济条件下，使其在数据挖掘、价值萃取和资源共享等方面占据世界领先地位，为其公民、企业、学术机构和公共部门创造更多收益[1]。

与国外相比，我国的公共数据资源共享还处于快速发展阶段。自2002年以来，在国务院信息化工作办公室的统一部署和指挥下，省、市两级地方政府开展了大量政务信息资源共享试点工作，开展了企业基础信息共享、人口基础信息共享、政务信息资源调查、政府信息目录编制等资源建设试点工作。2006年，为配合政务信息资源目录体系和交换体系国家标准制定工作，在北京、上海、天津等地开展了政务信息资源目录体系和交换体系平台建设试点。2015年，国务院印发了《促进大数据发展行动纲要》等重要文件，明确要求在2017年年底形成跨部门数据资源共享共用格局。

纵观2002年至今，凡信息化建设政策必提信息资源，凡信息资源政策必提信息共享，然而各项共享政策的精神未得到彻底贯彻，“分散建设”“信息孤岛”“数据烟囱”等现象依然存在，仍是制约各项信息化建设应用效能的瓶颈。

2. 数据时代的价值需求

很多人认为，谷歌和亚马逊等跨国公司是大数据的先驱者，BAT（百度、阿里巴巴和腾讯）是国内数据的最大拥有者，但事实上政府才是大规模信息的原始采集者。就公共数据而言，它是政府在行使公权力、实现国家意志的过程中，主动或被动收集的信息，具体表现为各职能部门为实现自身运作而有针对性地采集数据或无形地获取数据。数据的价值是不可估量的，公共数据资源通过筛选、挖掘、利用后，将成为重要的生产要素，这不仅是对公共数据资源进行治理的基础，同时也是数据共享的基础。如何实现公共数据资源高效共享是政府治理能力现代化所要直面的命题，变革公共数据资源共享的管理模式也是经济发展到现阶段的现实反映和社会民众的需求，可谓大势所趋。

---

[1] 朱贝，盛小平. 英国政府开放数据政策研究[J]. 图书馆论坛，2016,36(3):120-127.

二、价值需求刺激下的政府治理模式变革

1. 推动治理结构变革：从一元主导到多元合作（见图 2-3）

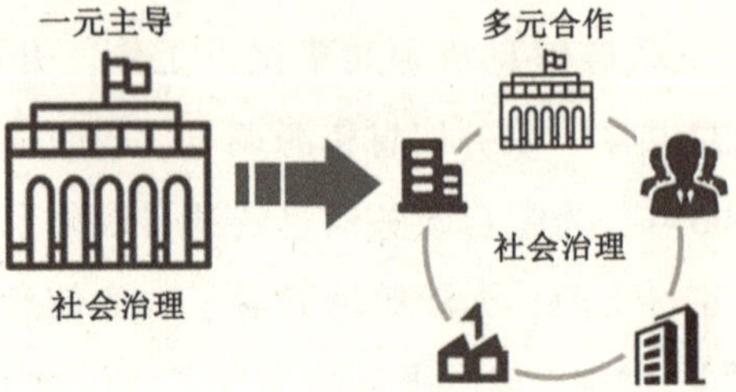

图 2-3　治理结构变革

现代意义的治理主张打破传统的以政府或公共机构为唯一权威主体的模式，提倡公共机构与社会力量相互合作，形成一种多中心、开放型的治理网络。在大数据时代，数据既是政府治理的工具，又是政府治理的对象，政府对公共数据资源的治理是政府治理的一个重要组成部分。

互联网时代最具有革命性的一项发展是消费者、企业方方面面的供给与需求几乎都可以量化，数据成为决策的主要依据[1]。互联网专家蒂姆奥莱利根据日新月异的互联网技术、不断变革的政府治理理念及他本人在 2001 年提出的 Web2.0 理论，又提出一个新的观点——政府 2.0。Web2.0 是指互联网的网站由单向信息发布模式转变为更多地由用户提供网页内容，注重用户与网站之间、网站与网站之间的信息交互。而政府 2.0 是 Web2.0 时代下的政府治理模式，即通过云计算、物联网、大数据等新兴信息技术和微博、微信等社交应用，实现以创新、开放、共享、协同等为特征的政府治理。

政府治理的理念和方式并不是一成不变的，技术环境的演进与发展、

[1] 丁元竹. 互联网环境下的政府治理[N]. 学习时报，2016-8-11(5).

政府治理理念与方式的转变共同推进了电子政务形态的变革[1]。电子政务诞生于20世纪90年代，随着各国不断实践，新的技术和理论使其不断更新迭代，并具有了更丰富的内涵。而公共数据资源共享可以构建政府、个人、企业和其他社会组织一同参与的共享体系，形成多中心治理。多中心治理的治理结构不再仅仅围绕利益或问题来组织，而是围绕事件和密集的信息流而组织，能为政府打破“数据孤岛”现象，提高行政服务效率，促进政府治理能力现代化向新的方向发展。

2. 推动服务模式变革：从千人一面到千人千面（见图2-4）

图2-4 服务模式变革

实行公共数据资源共享，不仅需要横向上各部门的政务数据互联互通、纵向上部门层级之间的政务数据调取方便有效，还要结合政府2.0中强调的政府、企业、社会多方在政务服务中的互动协同，注重用户参与，建立开放的政务服务平台架构，这样才能推动政府行政服务模式变革，即由传统的以政府为导向的被动服务转变为以用户为中心，以公众需求为导向，面向公众，对政务信息进行资源集约、信息集中、业务集成、服务个性化的信息服务；从条块分割、封闭的架构迈向开放、协同、合作的架构；将以政府为主体的政府行政过程转变为以社会公众为主体，政府、市场、社会三方协同互动的公共价值塑造过程。在这一进程中，技术和社会工具将充当重要的催化剂[2]，通过对公众的信息服务使用习惯、偏好和特点进行分析，实现个性化的主动服务。

[1] 孟庆国. 政府2.0——电子政务服务创新的趋势[J]. 电子政务，2012(11): 2-7.
[2] 宋刚，孟庆国. 政府2.0：创新2.0视野下的政府创新[J]. 电子政务，2012(Z1): 53-61.

3. 推动治理决策变革：从经验决策到数据决策（见图 2-5）

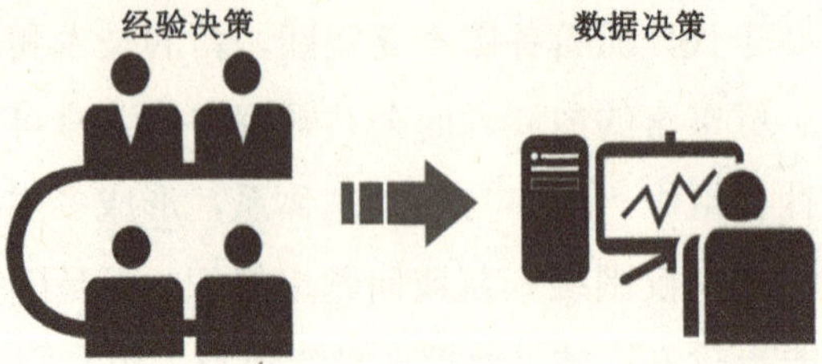

图 2-5　治理决策变革

传统公共决策往往是通过抽样调查、典型调研、专家会议而做出的，决策依据主要是过去事实和经验理性，很大程度上是一种经验决策和模糊决策。在大数据时代，这种决策模式将转变为分析全面且完整的数据，超越惯性思维和偏见，使公共决策真正“基于实证的事实”。在利益多元化和社会信息化时代，政府必须以一种开放的心态看待“共识”问题。互联网将大大提升政府、市场和社会之间的协同效率。大数据可以提升政府决策的科学性，使其及时准确地判断形势[1]。在大数据时代，公共决策可以借助云计算来分析更多的数据，甚至可以处理和具体决策有关的所有数据，而不再依赖以前随机采样的小数据，从而能通过全盘分析数据，为实施更科学、更全面的政府决策带来可行性。

4. 推动绩效评估变革：从目标评估到全景评估（见图 2-6）

图 2-6　绩效评估变革

大数据专家舍恩伯格曾在《大数据时代》一书中提到有关大数据时代下的一种思维的转变——样本思维到总体思维的“全数据模式”。他指出：“采样的目的就是用最少的数据得到最多的信息。当我们可以获得海量数

[1] 丁元竹. 互联网环境下的政府治理[N]. 学习时报，2016-08-11(5).

据的时候，它就没有什么意义了。数据处理技术已经发生了翻天覆地的改变，但我们的方法和思维却没有跟上这种改变。”[1]这就意味着，在大数据时代，如果还是以传统的治理绩效来评估问题，通常会陷入以目标控制导向的思维局限，从而以预定的治理目标为评估标准去衡量治理行动实现治理目标的程度，模式较单一。而随着数据采集、清洗、分析、存储技术的不断发展，我们能够完整系统地获取研究需要的所有数据，可以实行全景评估，即基于大数据的社会属性和技术特征，通过数据整合和信息采集分析，可以记录政府治理的轨迹和全景，使不同数据之间交互印证，从而在大局上立体全面地了解认知总体状况。因此，全景评估的广度和深度远远超过传统的目标评估。

三、公共数据资源共享粗放式管理存在的问题

政府部门作为公共数据的最大收集者，在日常的行政服务活动中存储了大量涉及公民、企业、社会组织等的数据。公共数据资源共享是对公共数据资源的政府内部利用。过去，政府对于公共数据资源的内部利用呈现粗放式管理。

2015 年，党的十八届五中全会提出了实施国家大数据战略，也正是在这一年，由于各国的重视和互联网企业的大力推动，大数据由一个社会热词转变为一股发展热潮。2015 年，国务院印发了《促进大数据发展行动纲要》，旨在加快政府数据开放共享，推动资源整合，提升治理能力。

公共数据资源共享主要需要依靠技术、业务、需求“三驾马车”共同发力，当前“三驾马车”发展不平衡，协调推进速度、步调、质量不和谐，与日益增长的数据需求之间的矛盾进一步凸显。抓住数据共享的痛点，对症下药，将公共数据资源共享管理从粗放式转为精细式，提供实操性解决思路是当前数据共享发展的首要任务。

---

[1] [英]维克托・迈尔–舍恩伯格，肯尼思・库克耶. 大数据时代[M]. 盛杨燕，周涛，译. 浙江：浙江人民出版社，2013:37.

— 第六节 —
公共数据资源共享的精细化治理

公共数据资源精细化治理是数据管理和服务方式“微创新”的过程。在“技术—治理”型逻辑的引导下，数据统筹部门的“精明行政”与其他主体能动式参与相结合，在理念创新、流程塑造、标准设置、工具科学化等中微观层面进行持续性改善，调动整个社会的积极力量，化零为整，实现治理细节化与系统化的有效转换。

从宏观的治理策略来看，公共数据资源精细化治理需要变“总体支配”为“技术治理”，变“单向管制”为“双向互促”。从具体操作层面来看，公共数据资源精细化治理可以划分为数据采集精确化、数据存储标准化，以及数据应用高质化三方面的内容。

在宏观意义上，公共数据资源精细化治理的治理策略表现为两大改变。第一，变“总体支配”为“技术治理”。“技术治理”主要指的是政府通过流程再造和机制创新等过程要素的改进，通过程序化设计，能够使每一项数据操作都有标准可依据、可操作、可检查、可测评，为各部门、环节、成员、工作单元之间分工有序与衔接配合提供制度依据，有助于降低各环节链接的相互损耗。第二，变“单向管制”为“双向互促”，即在多元数据治理力量并存的条件下，数据治理已经不再是一个数据统筹部门“少干预”和“不代替”开展行动的问题，而是统筹部门如何与多元治理主体共同开展行动的问题。精细化数据治理一方面需要通过统筹部门和职能部门双向互动来提供可持续发展的动力，另一方面可以通过民众参与来丰富社会管理形式，形成政府与社会相互补充的社会治理网络。

除了宏观层面上的公共数据资源精细化治理策略，在微观层面上，公共数据资源精细化治理的具体实现表现为如下几方面。

一、数据采集精确化

首先，可以将公共数据资源目录体系落实到具体的系统上，比如，目录的管理平台、数据的报送平台、数据内部共享发布平台及数据的内部查询平台，等等；可以为目录赋予一定的应用功能，在这个过程中驱动相应的业务部门将目录的内容充实起来、融入进去、使用起来，从而实现业务的电子化、信息化。

其次，数据共享协调过程主要依赖部门之间的协调互助，数据共享可能是基于两个部门提供的数据的共享。这种共享主要是基于情理实现的，在精细化治理过程中主要体现“推与拉”的合力推进，从而激发部门的利益冲动。“拉”主要是通过利益诱导的方式，比如，应用需求方提前向业务部门提出共享要求或通过共享共建综合应用平台，激发业务部门的使用需求，使其在共享的同时也能有所收获。“推”主要是将信息共享纳入信息化建设考核中，出台专门的信息共享考核办法，以评促进，以评促建，开展全面的信息系统普查审计，以整合形成面向整体政府的“大系统”。

最后，还可以借助上级的相关文件要求，强制性地落实以推进公共数据资源共享。在数据共享驱动机制上不能单纯依靠情理上的互助，更需要依靠利益上的互助共享来驱动。针对业务部门在数据共享过程中所设置的壁垒，还有因为惰性不共享的业务系统公共数据资源，可以改变先建系统再进行数据采集的模式，将信息化项目建设与信息共享联合起来，在信息化建设项目报建时将数据共享作为其中的材料进行考核审核，在项目竣工验收的过程中，将共享清单和数据接口等相关方面作为验收核实的条件之一，否则就不予验收。新建项目可以通过这种方式来实现数据共享，已建的项目不需要报建审批，可以在下一次需要审批的过程中提出相应要求，在审定运维的过程中把数据共享纳入进来，以数据共享作为前提，否则就不予以相关运营费或计算空间的支持。总而言之，就是通过信息共享与项目建设的结合督促，倒逼各部门把业务系统中可共享的数据共享到数据中心。

二、数据存储标准化

数据存储的标准化是数据共享与整合的前提。针对数据采集之后的管理维护工作，往往由于安全、涉密、条块、割裂等问题导致公共数据资源在管理维护上存在问题，需要进行精细化治理。针对数据共享的不同类型进行分级管理。数据共享包括无条件共享、有条件共享和不共享三种类型，我们可以针对不同情况进行分级管理。对于无条件共享信息，将其全部共享到统一的平台，使用者无须向原单位通知就可以进行查阅或使用。而针对有条件共享的信息，可以设立专门的数据治理工作小组，明确共享的条件。针对不共享的信息，由数据源提供不共享的依据，数据治理工作小组对其进行法制审查，明确其是否属于不共享的范畴。

现阶段的数据共享主要是供需双方签订协议进行共享，在精细化治理过程中，可以将双边关系公开透明，让其他部门也知晓，以推动更多双边协议的签订，逐步扩大范围。

在精细化的治理过程中可以考虑如下方面：一是以数据中心为桥梁，业务部门的数据共享到数据中心后，签订的协议也适用于上下级的数据中心，使所共享的数据能够在上下级流通、传递，在下级业务部门使用上级业务部门采集的数据时，可以通过本级的数据中心进行申请调用。二是针对已经建设数据中心的地区经常出现双方私下协商共享数据，没有经过数据中心，只通过协议就实现了数据体外循环的现象，在治理过程中可以明确要求数据共享必须经过数据中心，实现闭环管理。

三、数据应用高质化

在数据精细化治理的过程中，可以改变原有的数据交换到第三方的模式，采用数据“可用不可见”“数据不搬家”的模式，为有需要的业务部门直接提供数据服务。这种模式分为两种形式：一种是按照各部门的需求提供个体数据而不是全样本数据；另外一种是直接由数据中心按照业务部门的需求代建数据模型，代开发业务产品。针对涉密的数据，可以按照安全规定提供确认、比对、校验等服务。

第三章

数据开放：隐私困境的伦理治理

伴随移动互联网、物联网等新技术的迅猛发展和广泛运用，人类社会快速步入透明化时代。为满足社会对整体性、完善性、全面性数据资源获取的需求，亟须打破“数据孤岛”，实现数据开放共享、互联互通，但个人数据在社会中流动，隐私权极易遭受侵犯，导致主体地位被弱化、自由意志被束缚、价值观念被扭曲、人之温情被弱化，等等，需要创新制定伦理准则、努力引入责任伦理、加强培育伦理素养，并把伦理与法律、技术和监管等手段有效结合，重建伦理范式，实现综合治理，保护数据开放进程中的个人隐私权。

随着新一代信息技术和人工智能技术的迅猛发展，大数据时代以不可阻挡之势迅速到来。数据从作为事物及其关系的表征走向了主体地位，被赋予了世界本体的意义，成为一个独立的客观数据世界[1]。数据资源利用的广泛、需求的增加，使碎片化、孤立化的数据牢笼亟须被打破，实现开放互流与融合发展。然而，数据开放后个人数据的流动又带来了新的隐私权问题，造成个人主体地位被弱化、自由意志被束缚、价值观念被扭曲、人之温情被弱化等一系列隐忧。对此，亟须从伦理视角将伦理与法律、技术和监管有效结合，以实现综合治理，保障个人隐私权的安全。

[1] 黄欣荣. 大数据时代的哲学变革[N]. 光明日报，2014-12-03(15).

— 第一节 —
数据开放与隐私权

一、数据开放的内涵与特征

1. 数据开放的内涵

大数据时代的到来，给人类社会带来了新的认知方式和思维方式。昔日，受科技发展水平的限制，人类多以观察、想象等方式认知世界，如用"水""气""火"等人类所能观察或想象出来的"物质"来分析世界万物的产生与消亡；在大数据时代，数据资源作用力、影响力的扩大，引起了人类认知方式的转变，数据成为人类认识问题、分析问题、解决问题的重要依据。同时，大数据思维方式的转变进一步提升了数据的价值与地位，"量化一切""让数据发声"的"量化"思维、强调数据相关关系的相关思维和重视全数据模式的整体性思维的产生，进一步扩大了数据的影响范围，表现出数据近似"本体论"的至高地位，使大量的研究对象从不可知到可知、从不确定到精确预测、从小样本到近似全样本把握，成为继经验范式（经验科学）、理论范式（理论科学）和模拟范式（计算科学）之后的"第四范式"（数据密集型科学/大数据科学）。不少学者认为，随着大数据技术的兴起，其实用性已经在自然科学、社会科学和人类学等领域挑战了认识论的权威，产生了广泛的影响，更形成了多种意义上的范式转换，无论是研究与实践范式，还是目标范式，均如此[1]。数据成为人类社会各领域发展的重要“质料”，其价值堪称黄金、石油、钻石。

然而，当今的大部分数据仍处于未开发的境地，未能完全、彻底地打通不同部门、不同领域的桎梏。而且，未开放的局部性、碎片化的数据无法发挥其潜在作用。为满足社会对整体性、完善性、全面性数据资源获取的需求，亟须打破数据故步自封的态势，实行数据开放共享，实现数据资源的互通互联。大数据专家涂子沛指出，数据开放的意义，不仅仅是满足公民的知情权，更在于让大数据时代最重要的生产资料、生活数据自由地流动起来，准确全面地应用起来[2]。

正是基于对数据开放重大价值的认识，近几年，政府、学术界和产业界对数据开放进行了广泛研究。但值得注意的是，关于数据开放的含义尚无统一定论。维基百科对数据开放的定义：数据开放是一种哲学理念及实践，要求一定的数据可以被任何人自由获取，没有来自版权、专利或其他机制的限制[3]；联合国数据库（UN DATA）认为：数据开放是指在不受任何限制的条件下，可以完成对数据的获取、利用、重新分配[4]；英国开放知识基金会（Open Knowledge Foundation）认为：数据开放是指不受任何法律、技术和社会限制（除属性或共享性等限制外），人们通过互联网下载方便、可读形式的文件，即可实现自由使用、再利用和重新分配任何内容、信息或数据。其具备以下三项基本元素：①非歧视性：数据若开放，则其对任何人都开放；②机器可读性：数据若开放，则应是机器可读格式；③开放授权性：数据若开放，则其对应授权条款应确保使用者自由免费访问、获取、使用、增值、演绎、拷贝、传播的权利[5]。

---

[1] 方环非. 大数据：历史、范式与认识论伦理[J]. 浙江社会科学，2015(9): 113-120,160.

[2] 涂子沛. 大数据[M]. 桂林：广西师范大学出版社，2012:350.

[3] Open data[EB/OL]. http://en.wikipedia.org/wiki/Open_data,2015.

[4] 弓序. 开放数据的概念及其发展现状[J]. 科技经济市场，2018(1): 195- 196.

[5] Mc Kinsey Global Institute. Open data: unlocking innovation and performance with liquidinformation [EB/OL]. http://www.mckinsey. com/insights/business_technology/open_data_unlocking_innovation_and_performance_with_liquid_information,2013.

综上所述，我们认为，数据开放是指在数据积累条件下的数据主体基于某种开放原则的数据控制权的让渡，是面向全体社会公众的数据共享，所有人均可无条件、无限制地免费使用。

2. 数据开放的特征

1）非歧视性

数据开放的非歧视性是指在数据开放过程中，所有人都公平享有使用已经开放的数据的权利。非歧视性是数据公平开放的根本保证，要求数据开放主体基于某种开放原则（包括开放哪些数据、怎么开放数据、开放的数据的质量等）进行数据开放时，数据开放受益群体对于数据使用的权利不会因其社会身份、职业、能力、性别等因素的影响而受到不公平的对待和限制。无论数据开放主体要坚持什么样的开放原则，其开放的限制性条件的对象都只能是数据开放主体自身或是被开放的数据本身（包括开放的形式、开放的内容等），而不能将区别对待的手段或方式运用到开放数据使用者身上。

2）机器可读性

数据开放的机器可读性是指对开放的数据，采用用户机器能获得真实数据的格式呈现给公众。机器可读性是数据开放最基本的要求。从数据的机器可读性程度而言，无论数据开放主体开放了多少数据，如果这些数据不能被机器读取，那么，这些所谓的开放数据就是无法释放应有活力的“休眠数据”，也是无法被社会公众所获得的数据，相当于这些数据依然没有被开放出来。更重要的是，这将导致无法有效发挥开放数据的价值及无法用这些开放的数据来评估数据开放主体的数据开放水平。据《2017 中国地方政府数据开放平台报告》显示，截至 2016 年 4 月，全国 19 个地方政府数据开放平台的 8398 个开放数据中仍有约 25%的数据机器可读性较差[1]，

[1] 2017 中国地方政府数据开放平台报告[R]. http://wemedia.ifeng.com/ 51927988/wemedia.shtml.

这将在很大程度上制约我国数据开放的价值发挥。因此，数据开放不仅要有机器可读性，而且还要提高机器可读性的效率和质量，否则将会大大影响数据开放的效果。

3）开放授权性

开放授权性是指所有社会公众无须数据开放主体授权，即可自由使用已经开放的数据的权利。开放授权性是数据开放的核心特征，其外在表现形式是获取开放数据的渠道无权限限制，可直接获取。对于数据开放主体而言，应该将开放目录内的所有数据上传到指定的数据开放平台。与此同时，所有的社会公众都可以自由地在平台上对数据进行下载、使用和传播，而不用使用任何的平台登录账号。

二、数据开放的时代价值

数据开放追求的是原始数据的开放，只有将原始数据以最小的粒度呈现出来，才能让使用者各取所需，发挥数据潜在的最大价值。处于同一社会共同体下的成员要明确意识到，原始数据资源的开放共享将为共同体的多个层面带来新的利益。在大数据时代，数据开放的价值在如下层面都有重要表现。

1. 政治层面

“阳光是最好的防腐剂，灯光是最好的警察。”[1]政府机构的数据突破时间、空间和部门的界限，一方面，有利于提高政府内部的工作效率，实现高效、简明的办公流程；另一方面，有利于提高政府的服务水平，通过透明化管理、精准性治理和跨区域服务提高政府的服务水平，从而提升人民群众对政府服务的满意度和对领导者的信任度，进而保障政治稳定。

[1] 刘新年. 大数据时代下，如何保护隐私权[N]. 检察日报，2013-08-23(5).

2. 经济层面

数据的“流动性”与“可获取性”是大数据产业发展的重要基础[1]。麦肯锡公司曾分析认为：我国的数据开放，每年大概会给全球经济带来23000亿到53000亿美元的红利[2]。数据资源的开放将推动信息化与工业化高度融合，有利于我国经济发展模式由粗放型向集约型转变，推动产业结构优化升级，实现环境治理与经济发展的双向突破。

3. 文化层面

数据开放是公共机构文化改变的重要因素，是共享性、合作性文化的塑造与发展。数据资源互联互通后带来的效益，促进人类社会进一步认识到团结、合作等文化的强大力量。

4. 社会层面

数据开放的最终目的是予民以利，具有一定的普世价值。在数据开放下，“大数据+医疗”“大数据+教育”“大数据+生产”等一系列以数据为主导的社会服务更加精准、精细、精确。特别是在互联网时代，数据开放增加了社会的透明度，提高了公众参与社会治理的热情，有利于社会治理的协同共治。

总而言之，在大数据时代，数据的开放与共享将成为新时代我国政治、经济和文化发展的新动力，成为提升我国综合国力和国际竞争力的重要因素。

三、数据开放与隐私权保护之间的矛盾与冲突

任何事物都具有双面性——这是事物发展永恒的辩证法。数据开放在为社会带来诸多便利的同时，也带来了个人隐私权被侵犯的难题。

---

[1] http://stock.sohu.com/20140129/n394358721.shtml[EB/OL]. 2013-12-03.

[2] 邬贺铨. 大数据与大产业[N]. 中国信息化周报，2014-09-01(5).

在大数据时代，数据开放的社会需求和个人隐私权保护的需求难免存有一定的冲突。一方面，数据开放易使个人小范围、局部性信息快速被透视，加速个人信息的裸奔；另一方面，被开放的数据即使经主体同意和“匿名化”处理保护，不涉及个人私密信息，但数据分析和挖掘技术所具有的能力不容小觑——它能通过相关数据的分析查找到个人不愿公开的私密数据。

然而，数据开放是政府、企业、医疗、教育等社会组织取得发展的重要因素，是国家在世界体系中新一轮竞争的重要力量。“落后就要挨打”的历史经验告诫我们不能在大数据时代走入“闭关锁国”的牢笼，数据开放的步伐不能停止，也不允许停止。

为此，我们需要认识数据开放给个人隐私带来的困境，分析数据开放如何侵犯个人隐私权，侵犯隐私权的原因为何，隐私权被侵犯带来的危害有哪些等问题，以便为个人隐私权找到“恰如其分”的保护措施，使数据资源得以更加健康、完善、无忧虑地开放。

— 第二节 —
数据开放下隐私权被侵犯的缘由

数据资源的开放，无论是在现实生活中还是在虚拟网络空间中，都对个人隐私权带来了极大冲击。学者们对数据开放下个人隐私权被侵犯的缘由探究所切入的角度多有不同，利益的驱使、技术的异化、法律的滞后和管理的失效等方面是学术界主要的关注点。然而，笔者认为，个人隐私权被侵犯的主要因素应归为欲望过度和道德失范，即欲望需求过强与道德约束力量过弱。

欲望是人性中的一部分，人天生有欲望。人对自我欲望满足的需求是人不断探索世界、努力奋斗的重要动力之一。人一降临到这个世界上就有吃饱穿暖这些满足最基本生理需要的欲望，于是出现了以狩猎、耕种和纺织来满足温饱之需。当解决温饱之需后，便想要寻求取代人力的工具来为己服务，于是铁犁牛耕、机械化生产等器物不断地被研发出来。但人的欲望终究难以穷尽。大数据时代的到来，虽给人类的生活带来了极大的便捷，但同时也带来诸多的诱惑，让人的欲望再次萌动。欲望本身同技术一般，并无好坏之分，但欲望无极限的特征将引诱意志不坚定的人走向恶的一边，进而带动技术的恶性发展。

道德是对人善的引导，对人的行为具有一定的内在约束力。道德是贯穿古今的重要约束力，有着极其强大的生命力，是道德让人在独处时依然能保持自我，发扬善的美德，减免人与人之间的矛盾。但在大数据时代，由于生活环境的变更、个人价值观念的转变，道德失范问题逐渐凸显，为寻求自我利益，不顾他人人身安全等的“自私”行为也就不断增加。

— 第三节 —

数据开放下隐私权被侵犯带来的问题

首先，在大数据时代，我们想要认识、了解、运用大数据资源，在开放的数据资源中获取更多的权利，从而提升主体的影响力、作用力。然而，数据开放使个人隐私从遮蔽状态逐渐走向无蔽状态，个人本应拥有的数据权利面临“失控”危机，人的主体地位被弱化。

其次，在大数据时代，人们呼吁的数据开放，被赋予了一定的美好夙愿。譬如，借助数据这一工具，让个人更精确地获得交友、消费、享受医疗和教育服务的自由；让企业获得分析和利用数据、个性化生产及服务的自由；让政府获得高效服务、精准治理、智慧发展的自由……然而，当个人数据为此实现高效快速流动、快速全面可视时，我们似乎进入了被自由所束缚的不自由，甚至是被奴役，进而迎来了更多的不自由。

再次，价值观对人的生存和发展具有重要意义。然而，在大数据时代，数据开放后海量数据资源带来了经济诱惑，可能让个别人失去了人的本性，丢弃了人的价值与意义，成了金钱的奴隶。

最后，人的情感受个人内在的主观感受和社会环境等多种因素的影响。当个人隐私权被侵犯所带来的种种问题让个体无力应对时，人对技术、人对社会、人对人之间的情感将逐渐淡漠。

— 第四节 —
隐私权保护的伦理治理

一、创新制定伦理准则

数据开放下，数据资源的迅速膨胀、流动与应用引发新的问题，传统的法律制度和伦理准则的约束被削弱，数字主体处于既不受现实世界约束，也不受思维意识束缚的“自由”阶段。

在鉴定新技术提出的伦理问题后，我们一般不能依靠现有的规则或新制定的规则，用演绎方法自上而下地加以解决；反之，需要自下而上地分析这些伦理问题，考虑其特点，对相关利益攸关者的价值给予权衡，以找到解决办法的选项，然后应用伦理学的理论和原则加以论证[1]。因此，在制定伦理准则时，要从下而上找到解决问题的方法，提高伦理准则的实效性。

首先，制定公平正义的伦理准则。一方面要关注伦理准则自身的公平与正义，只有公正的规则，才能获取民心，广得美誉，更好地被信服与采用；另一方面要确保伦理准则被寄予善的价值目标，只有具有正能量的动

[1] 邱仁宗，黄雯，翟晓梅. 大数据技术的伦理问题[J]. 科学与社会，2014(1):36-48.

力因素，才有存在与被采用的价值。因此，我们需要伦理准则中“善”的指引与约束。

其次，不断更新与完善伦理准则。随着大数据技术的深入发展，现行的具体伦理准则确实已经很难真正保护好我们的隐私，这是不容忽视的现实[1]。发展的普遍性和必然性决定了伦理准则及时变化、发展的必要性。在迅速兴起的大数据时代，传统的伦理准则有所失效、伦理制度滞后的问题逐渐凸显，因而要结合大数据时代的管理需求，不断更新新时代的伦理准则。

最后，发挥传统伦理思想的约束力。传统伦理思想可为现代隐私安全建设提供重要有效的思想资源，尤其是“仁”的观念、“诚”的思想、“义利”之辨和“慎独”精神[2]。借助传统道德思想的约束力，可提升伦理准则的实效性。

二、努力引入责任伦理

在大数据时代，社会中的每一个个体都可能落入以数据为主导的“帝国”中。维护这个帝国的稳定和健全是每位数字公民的重要责任和义务，所有的数据权利都要以履行这个责任为前提，且权利与义务具有一定的逻辑相关性。数据责任优于数据权利，是数据伦理的基本出发点。

首先，明确划分责任人。要对数据固定保存阶段、开放共享阶段和分析利用阶段划定明确的监管责任人，以保障个人被流转、保管、利用的数据资源的安全及隐私权的安定。

[1] 陈仕伟，黄欣荣. 大数据时代隐私保护的伦理治理[J]. 学术界，2016(1):85-95.

[2] 刁生虎，刁生富. 传统伦理思想与现代网络道德建设[J]. 淮阴师范学院学报（哲学社会科学版），2006(2):210-214,218.

其次，普及全民责任意识。大数据时代人们享受了数据资源开放共享带来的福利，同时也在为他人的便捷提供着自己的数据资源，为他人贡献着自己的数据。为此，大数据时代中的每一位数字公民都有义务保护流动数据的安全。

最后，数据最大获益者要承担主要责任。数据使用者承担行为责任可以有效保护个人隐私，也有利于企业兼顾社会利益与经济利益。使用数据的公司需要基于其将对个人造成的影响，对涉及个人数据再利用的行为进行正规评价。对数据使用进行正规评测及正确引导，将为数据使用者和数据贡献者带来切实的好处：很多情况下，数据使用者无须再取得个人的明确同意，就可以对个人数据进行二次利用。相反地，数据使用者也要为敷衍了事的评测和不达标准的保护措施承担法律责任，诸如强制执行、罚款甚至刑事处罚。

三、加强培育伦理素养

伦理素养主要是指个人在道德信念、道德情感、道德行为等因素影响下，其行为能力符合伦理道德规范，它是数字主体文明地生活在大数据时代的重要素养。数据开放下对社会系统中数字公民的行为起主要约束力的是道德、法律的社会规范和社会的经济规律，而起重要内化作用的是伦理道德修养下的道德自律。这种以“慎独”为特征的道德自律，能使人在独自一人或在他人完全不知的情况下，仍保持高度自律，仍能把握自己，使自己的行为符合道德规范[1]。

首先，确立道德信念。在数据开放及运用过程中，全体社会成员要意识到保护个人隐私权的重要意义，个人隐私权的保护是数据资源得以延绵再生的前提，是数据时代进一步前进的基础。在大数据时代，数字主体要

[1] 刁生富. 在虚拟与现实之间——论网络空间社会问题的道德控制[J]. 自然辩证法通讯，2001(6):1-7.

树立“保护他人隐私就是保护自我安全”的道德信念，提高个人的道德水平。

其次，发扬道德情感。在提高个人道德自律的基础上，数字主体要主动传播正能量，带动社会成员加大对个人隐私权的尊重与保护，进而为个人隐私权的保护营造和谐、友好的氛围。

最后，推进道德行为。在道德自律、道德他律的影响下，个人伦理素养要有所提升，须借助善的理念，推进善的行为。为大数据时代个人行为表现划定合乎伦理道德的界限，尽可能减少社会主体的“失范”行为，保护个人隐私权的安全。

四、集聚合力助力伦理治理

伦理治理是依靠社会各个群体对道德的传扬来加强对社会的治理，弘扬社会善的主旋律。但是，伦理治理的效力终究难以“一匡天下”。对数据开放下个人隐私权的保护需要将社会治理的合力与伦理治理有效结合，以提高治理的效力。

首先，伦理与法律互补。法律的制定是在道德的基础上产生的，但是法律的权威性和实际效力是凌驾于道德之上的。于是，伦理引导与法律治理的结合将对当今社会的数字主体起到内外双重影响；既在心灵层面给人以约束，让人的行为回归“善”的本原，又能促使人的外在行为符合善的要求，以符合法律的规章制度。美国早在 1974 年就制定了《隐私权法》，欧盟在 1995 年颁布了《数据保护指令》，英国也在 1998 年颁布了《数据保护法》，但目前为止，我国还未出台有关隐私权的专门法律。虽然从 2017 年 6 月 1 日起施行的《中华人民共和国网络安全法》具有里程碑的意义，但在个人信息保护上，其只是完善了相关规则，还缺乏更进一步的细则。因此，我们需要完善隐私权保护的内容，加大隐私权保护的力度，增强对网络空间个人隐私安全的保护。可参考西方的法律制度，对相关法律条文的制定做出以下基本的界定。一是要明确受保护的信息范围：①基础信息，包括身高、体重、血型、肤色等一系列与基因信息有关的个人信息，身份证号码、电话号码、家庭住址等私密信息，参与网络活动的私密信息，被监控设备监督的信息；②消费信息，包括信用卡、电子消费卡、网卡、网络账号和密码、消费及交易账号和密码等；③社交信息，包括在 Facebook、Twitter、QQ 邮箱等社交软件中留存的隐私信息；④活动踪迹，包括个人在网上的活动踪迹，如 IP 地址、浏览踪迹、活动内容等。而且个人信息可按照保护级别分为个人身份信息、敏感信息、准标识符信息、公开信息及日志信息[1]。二是要制定明确的隐私权保护条例，我国《民法通则》以侵害名誉权的方式对隐私权实行间接保护，但这种模式不够完备。因而，可进一步利用刑法、行政法或民法对隐私权进行明确规定，实行直接保护。要建立完善的保护体系，借鉴欧盟“全流程保护”模式，对个人数据建立严密的保护制度。从个人信息的采集、挖掘、使用，直到最后的销毁环节，建立一套完善的个人隐私权保护体系。

其次，伦理与监管互助。伦理与监管协同前进，一方面监管行为要具有善的目的，符合伦理需求，且要提高监管的公正、有效性；另一方面伦理治理的推行也需要政府的监督与管理，以提高伦理治理的实际效力。因此，在数据开放过程中，各组织对个人数据管理和保护的措施与程度，需要在伦理治理下由政府进一步监督、落实。政府监管主要是指借助法律对市场进行管理，对行业自律具有一定的引导作用。行业自律的核心是自我管理、自我约束，但其自我约束的效力具有一定的局限性，需要政府监管这一外部力量给予引导、约束和规范。因而，在数据开放的时代，我们需要加强政府监管：一方面，依靠法律效力加强对市场的监管；另一方面，

[1] Pearson S.Taking account of privacy when designing cloud computing services [C]//Proc of the 31st ICSE Workshop on Software Engineering Challenges of Cloud Computing.Piscataway,NJ:IEEE,2009:44-52.

加强和完善行业自律水平，提高企业自行保护他人隐私安全的责任感。为此，政府部门要充分发挥新一代信息技术的作用，加强和创新政府监管，提高治理能力现代化水平，保护个人隐私权不受侵犯。

最后，伦理与技术互协。给研发的技术赋予一定的道德意念，将有效保护数据开放过程中的个人隐私权。被赋予伦理价值意义的技术研发，能切实保护个人隐私权。为此，数据生产商应重视个人隐私保护技术的研发与利用，以提高个人隐私权的保护水平和企业的可信度。

第四章

数据决策：领导干部提升决策能力的新路径

大数据思维是治理创新的重要构成要素，具有整体性、相关性、预测性、创造性等特征，领导干部决策与大数据思维的耦合，对提升决策的科学化水平具有重要价值。从领导干部数据素养的培养、政府大数据服务平台的建立、领导干部大数据思维决策能力的培养、领导干部大数据思维决策体制机制的变革等几个方面切入，探寻领导干部决策能力提升的路径，在提升领导干部决策能力方面具有重要功能，在促进领导干部决策的精准化、精细化、民主化、科学化方面发挥了积极作用，在提升政府市场监管能力、社会管理能力、公共服务能力等方面具有重要的现实指导意义，为政府高效发挥政治、经济、文化、社会公共服务的职能奠定了坚实的基础，为打造服务型政府、阳光型政府、智慧型政府提供了新的契机。

大数据时代是数据价值日益凸显的时代，更是思维方式变革的时代。大数据时代的到来为人们认识世界和改造世界提供了新的思维工具——大数据思维。大数据思维助推治理创新，提升治理效率，重构治理模式，破解治理难题，其中又以政府治理变革最为突出。基于大数据思维的政府治理创新被赋予了传统政府管理所不具有的时代性优势，“用数据说话、用数据决策”成了现代政府治理创新最突出的特征，其对领导干部决策机制变革和决策能力提升也将产生深远的影响。

第一节
大数据思维的内涵与特征

一、大数据思维的内涵

大数据是继互联网、物联网、云计算之后提出的新的技术革命，是指无法在一定时间范围内用常规软件工具进行捕捉、管理和处理的数据集合。大数据具有体量巨大、类型繁多、处理速度快和价值高而密度低等四大特征。大数据时代的到来改变了我们的生产、生活方式，其中一个重要的方面表现在大数据时代下人们被赋予了全新的思维模式——大数据思维。

在大数据思维视角下，海量数据如果使用和处理得当，就可以为人们解决复杂或棘手的问题提供答案。大数据专家舍恩伯格指出，在大数据时代，人们对待数据的思维方式会发生如下变化：第一，人们处理的数据从样本数据变为全部数据；第二，由于是全部数据，人们不得不接受数据的混杂性，而放弃对精确性的追求；第三，人们通过对大数据的处理，放弃了对因果关系的渴望，转而关注相关关系[1]。正是人们对待数据的思维方式的转变，赋予了大数据思维强大的生命力和影响力，使大数据本身并非只是一个庞大的数据集，而是类似与“人脑”结构中分布在肌体组织中的

[1] 王岑. 大数据时代下的政府管理创新[J]. 中共福建省委党校学报，2014(10):40-48.

神经元。从其有机构成角度而言，大数据思维包括容错思维、相关思维、智能思维、关联性思维、发散开放性思维、多元共生性思维等[1]。同时，大数据思维还是一种复杂的、数据化的整体性思维。

随着社会生产力的不断发展，社会公共基础设施日渐完善，为人类社会提供了将虚拟网络空间与现实物理空间耦合发展的巨大契机，使得运用大数据重新认识世界和改造世界的世界观和方法论植根于肥沃的土壤中，大数据思维得到广泛应用，推动了大数据时代日新月异的发展。基于多源异构和跨域关联的海量数据分析产生的数据价值挖掘思维，引发了人类对生产和生活方式乃至社会运行的重新审视[2]。它通过“更多”（全体优于部分）、“更杂”（杂多优于单一）、“更好”（相关优于因果）等思维理念，使思维方式从还原性思维走向了整体性思维，实现了思维方式的变革[3]。大数据思维实质上指的是受互联网思维及互联网技术的影响，从大数据中产生的一种复杂的、实用性较强的，具有指导和创新工作的思维模式[4]。其目的是厘清大数据中存在的复杂的数据逻辑关系，以便为大数据价值变现服务。

二、大数据思维的特征

大数据思维的思维模式从根本上区别于传统思维的思维模式，具有传统思维不可媲美的优越性，但在其特征的分类上，不同的学者有不同见解，如表 4-1 所示。

---

[1] 刘伟. 大数据思维视阈下的高等教育治理变革[J]. 内蒙古社会科学（汉文版），2017,38(1):146-150.
[2] 张维明，唐九阳. 大数据思维[J]. 指挥信息系统与技术，2015(2):1-4.
[3] 付安玲，张耀灿. 大数据时代马克思主义理论教育的思维变革[J]. 学术论坛，2016(10):169-175.
[4] 郎艳华. 大数据思维对图书馆信息服务工作的启示[J]. 科技展望，2016, 26(31):228.

表 4-1 学者关于大数据思维特征的观点

研究者	论著	关于大数据思维特征的观点
张义祯[1]	《大数据带来的四种思维》	总体思维、容错思维、相关思维和智能思维
陈学伟[2]	《大数据思维的特性》	全局大局思维、开放包容思维、优质服务思维、学习趋势思维、成本控制思维、创造性思维
周世佳[3]	《大数据思维探析》	整体性与涌现性、多样性与非线性、相关性与不确定性、并行性与实时性
张维明[4]	《大数据思维》	整体性（价值涌现）、动态性（价值分层）和相关性（价值创新）
和婷[5]	《大数据思维对图书馆信息服务工作的启示》	开放性、规律性、无偏性、关联性
宁耀丽[6]	《大数据思维下高效图书馆学科服务创新机制探究》	开放性、采集性、连接性、跨界性

从表 4-1 可以看出，虽然不同学者有不同的分类方法，但从总体来看，都是基于大数据思维的整体性、相关性、预测性的不同表达。譬如，总体思维和全局大局思维对应大数据思维的整体性特征；连接性、跨界性、关联性等对应大数据思维的相关性特征；学习趋势思维、创造性思维等对应大数据思维的预测性特征。

1. 大数据思维的整体性

大数据思维的整体性特征是指，人们在运用大数据思维工具时主要关注的是整体数据，而不是局部数据。从统计学的视角来看，大数据思维的整体性与传统的数据观有很大的区别。过去，人们对于数据的运用由于受社会经济发展和科技水平的限制，对生产、生活中所产生的数据的收集和

---

[1] 张义祯. 大数据带来的四种思维[N]. 学习时报，2015-01-26(4).

[2] 陈学伟. 大数据思维的特性[N]. 学习时报，2015-01-19(7).

[3] 周世佳. 大数据思维探析[D]. 太原：山西大学，2015.

[4] 张维明，唐九阳. 大数据思维[J]. 指挥信息系统与技术，2015(2):1-4.

[5] 和婷. 大数据思维对图书馆信息服务工作的启示[J]. 图书馆建设，2014(1):64-68.

[6] 宁耀莉. 大数据思维下高校图书馆学科服务创新机制探究[J]. 图书馆界，2017(1):1-4.

分析能力有限，只能从已有的数据中通过运用统计学的科学抽样方法，将数据中比较有代表性的抽取出来，作为统计分析的对象，从中挖掘有价值的数据以代表所有数据的价值及其蕴含的发展趋势。然而，大数据思维则不同，大数据思维主要集中点在于数据的“大”，也就是大数据思维是对已有的全部数据的关注。

由于社会经济与科学技术的发展，处理数据的工具也得到变革和更新，基于现有的大数据工具的分析和处理能力能够适应对当前大数据价值挖掘的基本要求，传统统计学的抽样分析方法被整体数据分析方法所取代。大数据专家舍恩伯格认为，“要分析与某事物相关的所有数据，而不是分析少量的数据样本”[1]，而指导人们对大数据的所有数据进行关注的数据思维视域正是受大数据思维的整体性特征的影响。

值得注意的是，虽然从总体来看，大数据思维的整体性表现在它的整体数据价值的优越性上，但必须清晰地认识到，关于大数据思维存在两个常见的误区——这两个误区不是因为大数据思维本身的缺陷导致的，而是归因于人们对大数据思维认识的不足。

第一，大数据思维的整体性不完全等同于关注全部数据，而是指在运用大数据思维分析事物时，关注与某事物相关的全数据，也就是说，对于大数据思维的分析对象的整体性认识要适度地停留在与之相关的数据上。这是大数据思维的相关性对于大数据思维的整体性提出的全数据模式的客观要求。如果不能清晰地认识到这个客观要求，数据分析主体很容易陷入没有前提的全数据模式的误区，影响大数据思维价值优越性的发挥。

第二，大数据思维的整体性不等同于忽视数据的局部特征，而是更加注重用整体性的思维去关注部分数据的价值与功能，它强调的是部分数据在整体性思维的指导下有机结合的优势，是对“1+1>2”不等式的完美诠

[1] [英]维克托·迈尔-舍恩伯格，肯尼斯·库克耶. 大数据时代[M]. 盛杨燕，周涛，译. 杭州：浙江人民出版社，2013: 29.

释。如果数据分析主体不能正确认识大数据思维的整体性与部分数据之间的关系，那么就很难在数据价值变现的过程中找到正确处理共性价值与个性价值冲突的方法，从而陷入内在数据价值冲突的矛盾中无法自拔。

2. 大数据思维的相关性

大数据思维的相关性是指，同一性质的事物之间及在某一特定领域的不同性质的事物之间的相互联系和相互作用。传统数据之间的因果关系是线性关系，关注的是事物之间“为什么”的关系，是通过对事物发展过程的总结推导事物发展结果的线性思维；而大数据思维的相关性则不同，大数据思维的相关性是非线性的思维关系，重点关注的是事物“是什么”而不是“为什么”的逻辑推演过程。因此，大数据思维代表了从原因到结果的因果思维和反向的（从结果到原因）的相关思维，凸显了相关思维追求“是什么”而不是“为什么”的务实精神[1]。

众所周知，沃尔玛的“啤酒与尿布”的销售故事就是一个典型的积极运用大数据思维相关性特征的成功案例。每逢周末，某一连锁超市啤酒和尿片的销量都很大。为了弄清楚它们之间存在的联系，沃尔玛派出了相关工作人员进行调查。最后，通过观察和走访了解到，在美国有孩子的家庭中，太太经常嘱咐丈夫下班后要为孩子买尿片，而丈夫在买完尿片后又顺手带回了假期看球赛时自己爱喝的啤酒，因此啤酒和尿片销量一起增长。在调查清楚这一原因之后，沃尔玛的工作人员打破常规，尝试将啤酒和尿片摆在一起，结果使得啤酒和尿片的销量双双激增，为商家带来了大量的利润。

从这个成功的销售案例中，我们可以看出，本来尿布与啤酒风马牛不相及，关联在一起销量却增加了。这就是大数据思维相关性特征的优势所在。通过挖掘数据之间的关联特征，找到不同数据之间存在的内在逻辑关系，就可以指导人们进行预测性和创造性活动。然而，如果我们还是停留

[1] 周世佳. 大数据思维探析[D]. 太原：山西大学，2015.

在关注“为什么”的因果关系的数据分析阶段，就不会有今天的“啤酒与尿布”的经典案例，可见大数据思维相关性的魅力所在。

3. 大数据思维的预测性

大数据思维的预测性是指，大数据思维具有在掌握某事物过往数据的基础上提前分析感知某事物未来发展趋势的属性。因此，大数据思维的预测性特征在起源的形式上表现为大数据工具性特征的外延，在本质上表现为分析感知某事物未来发展趋势的属性。从其预测性特征的功能来看，大数据思维的预测性特征是连接事物过去、现在和未来的枢纽，是大数据思维的基础性特征，是大数据思维创造能力的源泉之一。大数据思维预测性的优势主要表现在，通过运用大数据思维能够较全面地掌握事物在某一特定时间内发展的内在规律，以便从事情发生的可能性中继续往下延伸，从而通过采取适当的干预手段来引导事情向着期望的方向发展。

运用大数据思维的预测性特征最典型的案例莫过于谷歌的流感预测。谷歌通过大家的搜索记录，预测某个地区发生流感的可能性，虽然预测结果不可能绝对精准，但流感发生的概率却很高。另外，谷歌、京东、阿里巴巴等互联网巨头通过各种技术手段来试图向不同的用户展现不同的定向广告，并称之为精准营销，由此来提高公司收入。还有，网游公司会在运营工程中通过对玩家行为数据分析来及时调整游戏关卡及计费点等设计，从而实现公司的利润最大化。

如上诸多例子，都是大数据思维预测性特征的积极运用。但是，凡事都有两面性，对于领导干部的决策预测而言，领导干部一定要恰当地把握好大数据分析预测的度，不能盲目崇拜大数据工具预测的结果，以避免预测失误的小概率事件的发生。

大数据思维的整体性、相关性、预测性特征并不是相互独立存在的，而是相互联系相互作用的统一整体。它们在本质上是统一的，都是大数据思维内部的特征；在表现形式上是相互独立的，都是大数据思维内部统一特征中的不同方面。其中，大数据思维最显著的特征是整体性特征，根本性特征是相关性特征，基础性特征是预测性特征。因此，运用大数据思维工具辅助决策的领导干部要能正确认识大数据思维的不同方面特征的属性和价值，以及价值的积极方面和消极方面，这样才能确保领导干部在运用大数据思维工具辅助决策时不至于陷入消极价值的困境。

— 第二节 —
传统决策思维的局限性与数据决策的崛起

一、经验决策占主导地位

传统的领导决策是一种以经验决策占主导地位的感性决策，领导干部的决策往往是依靠业务专家的知识、经验及直觉做出的决策判断，有时难免会陷入从主观出发的误区。这种决策主要以过去的事实和经验数据为依据，很大程度上是一种经验决策和模糊决策，决策结果同客观现实存在一定的偏差。决策者由于受预测决策数据和预测水平的限制，无法做到在完全理性条件下进行精准决策[1]。

与现代化的数据决策相比，传统的经验决策本身存在固有的弊端：其一，经验决策带有主观性色彩，不可避免地导致决策依据缺乏客观性；其二，经验决策是局部数据的决策，在决策依据的代表性上有待考量。

以上两个缺陷是传统的经验决策固有的弊端，而传统的领导干部决策又是基于有弊端的决策工具进行的，这就很难避免决策中不出现失误。

二、闭塞的数据获取渠道阻碍科学决策

传统的领导决策，在很大程度上忽视了数据对于决策的价值和意义，

---

[1] 刘力锐. 从经验决策向数据驱动决策转化[N]. 中国人口报，2015-09- 25(3).

导致了很多决策的内容与实际情况相去甚远。传统领导决策主要是经验决策，虽有其存在的合理性，但由于数据带有强烈的主观主义色彩，导致数据的准确性难以核实，这可能要归因于过去的社会和科技发展状态所导致的数据流通渠道的问题。

大数据时代之所以能够得到健康快速地发展，得益于互联网的发展。每天在网络公共空间有各种错综复杂的数据在共享和交互，个人与政府、政府与企业、政府与其他社会组织之间，都存在各种各样的数据互联的渠道，这就为大数据时代的领导决策提供了丰富而科学的决策依据。但对于传统的决策者而言，他们显然不具有快速获取决策数据的渠道，导致数据质量难以保证。另外，数据本身所反映的民众需求可能已经在原有的基础上发生了巨大变化，因此传统决策往往存在滞后性。

三、公众参与程度不高

一方面，由于历史和现实的原因，公众对于政府的一些决策缺乏强有力的约束[1]。另一方面，由于社会舆论环境、媒体格局和信息传播局面尚未形成，公众的知情权受到了一定程度的限制。

由于这两方面的原因，公众在政府的领导决策过程中的参与权没有得到有效行使，公众对于政府决策过程的监督和评价功能也得不到有效发挥。

四、经验决策与数据决策的异同

1. 经验决策与数据决策的相同点

领导干部决策是指领导干部为了解决某一具体问题而采取一系列措

[1] 曾宇航. 大数据与地方政府治理现代化研究[M]. 经济科学出版社，2017(5):101-103.

施和策略的过程。从其目的性来讲，领导干部的决策无论是依托经验还是数据，决策的目的都是希望通过干预的手段和方法引导预期行为的发生，具体表现为领导干部在制定决策目标后选择最佳的方案服务于目标；从其决策的过程来看，两种决策都基本遵循领导干部决策流程（见图 4-1）的一般化流程，具体包括发现问题、制定目标、拟订方案、分析评估、方案优选、实验验证及重复实验验证、执行决策方案等步骤。其中，发现问题体现了两种决策都是以问题为导向的决策过程，方案优选体现了两种决策的决策主体都会关注决策的可操作性和目标的可评估性，最终所执行的决策方案是两种决策从众多的决策方案中优选出来的最佳方案，也是最能回应决策需求与决策目标的方案。

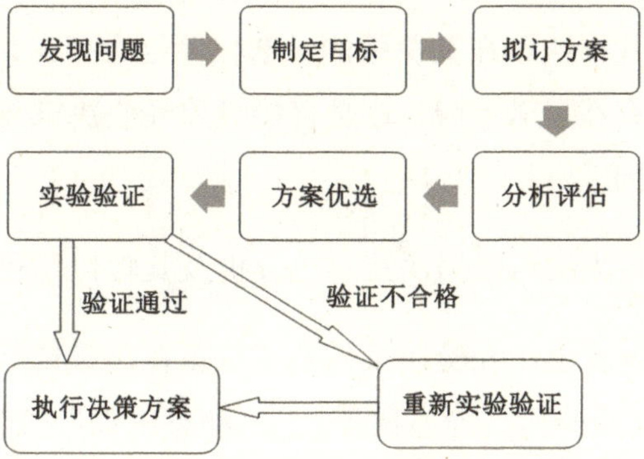

图 4-1　领导干部决策流程

2. 经验决策与数据决策的差异

经验决策与数据决策的差异主要体现在两个方面：第一，内涵的差异。所谓经验决策，就是指领导干部凭其灵感、态度和魄力，以及实践知识和理论知识，对一些明晰或不太明晰的备选方案，做出最佳断定[1]。所谓数据决策，就是指领导干部在基于需求数据、论证数据、实验反馈数据的基础上，严格遵循决策的科学程序而对明确的实施方案做出价值判断和方案

[1] 赵喜宏，房军. 谈谈经验决策及其与科学决策的关系[J]. 黑龙江财会，1995(5):14-15.

选择的过程。两者在其决策的特征上带有显著的差异。前者由于缺乏相应的决策依据的支撑，使得领导干部在决策过程中带有强烈的主观性，其决策质量的高低直接取决于领导干部自身的决策素质和决策能力。相比之下，领导干部的数据决策则是有明确决策依据的科学决策，其决策过程是严格遵循科学的决策流程进行的，无论是决策的依据还是决策的流程都带有客观性，不会因个别领导干部的主观意愿而改变决策方向。

第二，决策规范性的差异。随着社会生产力的不断发展，跨部门、跨层级、跨区域的大范围决策对于领导干部决策的科学性、民主性提出了更高的要求。传统的领导干部依托经验进行决策的决策模式由于不能适应这一要求而被淘汰，依托数据进行决策的决策模式已成为必然选择。虽然传统的经验决策和数据决策在其决策的一般化流程上存在共性，但决策过程中的规范程度却存在显著差异，这是直接导致经验决策与数据决策在本质上存在差异的原因。

图 4-2 是经验决策与数据决策对比分析及其转化路径。

从图 4-2 可以看出，经验决策与数据决策在决策规范性上，存在“无序决策”与“有序决策”、“静态决策”与“动态决策”、“个体决策”与“群体决策”、“专制决策”与“法制决策”四个方面的差异。无序决策、静态决策、个体决策、专制决策是经验决策过程中的主观性的具体表现，而有序决策、动态决策、群体决策、法制决策则是数据决策过程中的客观性的具体表现。在针对某一具体需求进行决策时，依托经验决策的领导干部，其决策是针对过去某一时间段的需求进行的个体决策和专制决策，决策过程和决策结果都是领导干部经验领域的价值判断。而数据决策则不同，其决策过程是领导干部在科学决策流程的规约下对社会的动态需求进行反馈的过程，在决策过程中会充分发挥群众智慧。

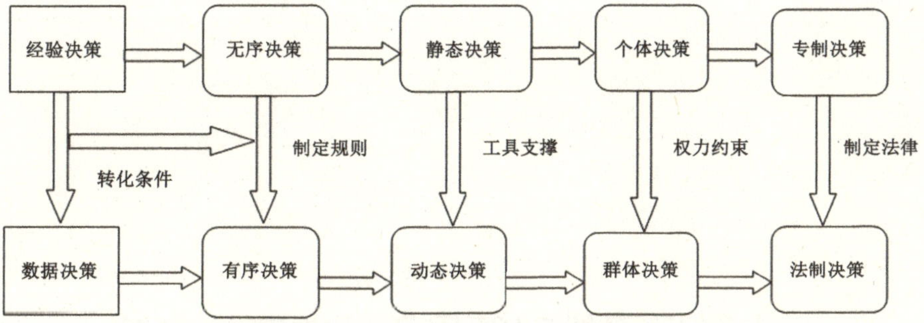

图 4-2　经验决策与数据决策对比分析及其转化路径

3. 领导干部的经验决策向数据决策转化的路径分析

不可否认的是，经验决策在某一特定的历史时期发挥过积极的作用。通过上文分析可知，经验决策与数据决策既存在共性也存在差异，但随着大数据时代的不断发展，领导干部依托经验决策向依托数据决策转变的需求越发明显，这就要求领导干部要紧密结合大数据时代的思维特征来确立数据决策模式。由于受传统的经验决策模式的制约，要实现经验决策完全向数据决策过渡存在一定的困难，在这个过程中需要寻找科学的路径来指导过渡时期决策模式的转变。

通过对比分析，数据决策的构建主要从四个方面切入。其一，制定决策规则，使决策流程科学化，突破经验决策的无序困境，实现决策过程的程序性；其二，运用决策工具辅助决策。决策工具包括一系列的数据采集、加工、分析工具，运用这些工具便于对决策过程中的需求变化实时反馈，是突破经验决策的根本举措；其三，明确决策权力。决策过程中，要明确领导干部决策的角色，真正能够引导决策方向的是社会公众；其四，制定法律，从立法层面实现决策的科学化和民主化。这样不仅可以克服经验决策的弊端，还可以在继承经验决策优势的基础上发挥数据决策的最大价值。

— 第三节 —
大数据思维对领导干部决策的影响

大数据时代的到来引发了一场全球性的变革风暴，大数据思维正在以迅雷不及掩耳之势“入侵”人类生产、生活的每个领域。大数据思维的影响范围之广是有目共睹的，这也为领导干部决策送来了新的决策思维和新的决策工具，对领导干部决策产生了重大影响。

一、大数据思维促进领导干部决策精准化

依托大数据思维的领导干部决策，通过大数据分析工具迅速发现和有效挖掘决策服务对象的需求及困境，使领导干部可以针对其需求及困境制定及时有效的决策方案，应服务对象需求，实现需求精准对接及决策精准化供给。

另外，充分发挥大数据技术的预测和动态追踪功能，加强对领导干部决策过程的动态变化特征的追踪和预测，精准化评估决策工作进度，精准化预测决策实施过程中的风险性因素，实现精准化动态决策和决策依据的实时更新。

更重要的是，依托大数据思维的领导干部决策凭借大数据技术的功能优势，促进了决策依据由样本数据向整体数据转换，极大地降低了决策误

差，实现了决策风险的最低化及决策产生利益的最大化。

总而言之，依托大数据思维的领导干部决策，实现了决策需求的精准化衔接、决策风险的精准化控制、决策实施进度的精准化追踪，具有传统领导干部决策思维不可超越的优越性。

二、大数据思维促进领导干部决策精细化

首先，大数据时代的社会结构是广泛参与、网络互动、扁平化运行的，数据的产生、加工和结果的运用都是政府、企事业单位、社会组织及个人等共同参与的结果，这意味着大数据成为一根纽带，将全社会资源的需求、生产、分配和供给联系了起来[1]，形成了全国性的大数据互联互通共享的网络系统，为政府精细化决策与精准化服务供给铺平了道路，并为政府提供了精细决策的数据支撑。

其次，依托大数据思维的决策，在充分考量大数据“4V”特性的同时，还充分结合了大数据思维所具有的整体性、相关性、预测性等特征，实现了大数据决策依据从整体到部分的充分论证，从相关性中挖掘大数据间存在的相关性价值等，实时对数据进行观测预测，从大数据的微小变化中论证决策模型的泛化能力，并不断充实决策模型的实验数据集，从而让领导干部在决策过程中既统筹全局，又不忽视细节。

最后，在大数据思维的指引下，基于大数据技术不断进步，大数据的共享机制日渐完善，依托大数据思维的领导干部决策，实现了全程电子留痕，从决策制定、决策实施到决策成效评估的整个过程，所有留痕数据都一一保存下来，形成了大数据决策的过程记录，为大数据决策过程的权责监督、问题寻根储备了数据资源，促进了依托大数据思维的领导决策过程、决策监督、决策运行的监督与管理工作的精细化发展。毋庸置疑，大数据

[1] 陈刚. 运用大数据思维和手段切实提升政府治理能力[J]. 中国信息安全，2016(5):60-61.

思维为领导干部的精细化决策提供了强有力的思路支撑、技术支撑，对领导干部精细化决策的变革起到了积极的推动作用。

三、大数据思维促进领导干部决策科学化与民主化

传统领导干部决策主要依据经验、依据样本，决策的内容在本质上是一种自上而下的决策模式，决策过程中的参与者主要是政府内部领导，决策的过程和决策的成效缺乏有效的监督和评估机制。

然而，随着大数据时代的到来，当下政府决策的困境突破及超越已经具备了实现的条件。科学的政府领导决策机遇期已经到来，政府领导决策与大数据技术的耦合，使得政府领导的决策得以借助大数据工具，利用数据关联分析、数学建模、虚拟仿真及人工智能等技术，在基于广泛、大量数据的基础上进行模块化分析和政策模拟，为决策提供更为系统、准确、科学的参考依据[1]。数据是政府领导正确决策的基础，充分、及时、有效、全面的大数据是政府领导科学决策的基础。当下将大数据作为领导干部决策最强有力的支撑工具，在政府决策层面，可以充分利用政府的大数据资源进行全面分析，以全局代替抽样，以相关分析代替因果分析，为科学决策、依法决策和民主决策提供全面、及时、准确的决策支持[2]，极大地推动了政府领导决策边界的重新界定，提升决策效率，确保决策程序化和科学化，增强决策灵活性，形成民主集中制与首席数据官（CDO）制度相结合的新型决策机制[3]，从而颠覆传统的、线性的、自上而下的精英决策模型，形成非线性的、面向不确定性的、自下而上的决策基础[4]，促进政府领导决策的科学化、民主化。

---

[1] 朱锐勋. 基于互联网思维的政府领导力研究[J]. 电子政务，2016(2): 60-66.

[2] 陈刚. 运用大数据思维和手段切实提升政府治理能力[J]. 中国信息安全，2016(5):60-61.

[3] 梁志峰，左宏，彭鹏程. 基于大数据的政府决策机制变革：国家治理科学化的一个路径选择[J]. 湖南社会科学，2017(3):118-125.

[4] 丛培民. 从政策研究视角看大数据对科研管理与决策的影响[J]. 科研信息化技术与应用，2013,4(6): 29-35.

— 第四节 —
大数据思维对政府治理的影响

一、促进政府市场监管能力的提升

政府的市场监管能力主要是指通过对市场活动主体及其行为进行限制、约束等直接干预其活动的能力。中国目前的政府市场监管现状是市场主体需求复杂多变，如果充分运用大数据思维对政府理念、技术和平台进行创新，对市场主体需求进行准确定位，从而实现市场监管能力的有效提高，将是政府市场监管的一大进步。这样在充分利用现代化信息处理技术、信息资源的基础上，发挥了公众对市场主体的监督功能，降低了行政监管成本，也实现了主体与主体的相互约束[1]。例如，2017 年山东淄博市人民法院推出一项惩治“老赖”的新举措，率先在全国范围内对“老赖”通信进行限制。失信被执行人在拨打或接听电话时，将会播放一段语音：“您拨打的机主已被山东省淄博市张店区人民法院发布为失信被执行人。”这个举措可避免更多人被失信人员欺骗。信息技术部门进行的数据交换与共享，净化了市场环境，避免了更多问题的形成，实现了政府市场监管的高效化。

[1] 赵汝周，岳凤兰. 大数据时代城市社区治理新探索[J]. 四川行政学院学报，2015(3)：32-35.

二、促进政府社会管理能力的提升

政府的社会管理能力是指政府管理社会事务的能力，在经济快速发展的氛围下，政府社会管理的成效与社会发展有着不可分割的关系。大数据技术给政府社会管理提供了决策参考，为政府社会管理提供了技术支持。政府 2.0 中提到了用户创新的概念，用户创新主要是指公众参与政府创新的过程。在政府社会管理方面，应把公众放在中心，实现公众的真实性参与，用收集的公众数据代替以往的抽样结果，从而使政府实现更科学的分析和决策。如今各大门户网站都为用户提供了信息反馈的途径，例如，以微博为主的应用媒体为用户带来了更多的社会责任感，用户可用语音、照片、视频、文字等方式就有关问题向相关人员进行反馈，信息的传递拓宽了政府与公众的沟通渠道，提高了政府对社会问题的处理速度[1]。

三、促进政府公共服务能力的提升

政府的公共服务能力是指政府在提供公共产品和服务时所拥有的能量及资源，包括政府所拥有的人力、物力和财力等资源。在经济全球化的今天，不断有创新型人才和创新型公司涌现，这使得政府需要跟随时代发展的步伐进行创新，其中重要的政府创新包含开放创新。政府 2.0 中提及的开放创新是指政府公共服务数据内容、数据标准及相关工具的对外开放，可以为公众提供查询、下载、使用政府数据的相关服务。

[1] 李拔萃. 大数据对提升政府治理能力的影响与对策探讨[J]. 大连干部学刊，2016(4):45-48.

— 第五节 —

大数据时代领导干部决策能力的提升路径

一、领导干部数据素养的培养

领导干部数据素养的培养是指领导者通过一定的渠道和方式获得数据思维、数据意识与数据知识，在不违背数据伦理道德规范基础上理性地获取、分析、处理、利用和共享数据的过程。领导干部数据素养的培养是提升大数据思维决策能力的重中之重。因此，在实施和推进领导干部运用大数据思维决策的过程中，一定要充分重视对领导干部数据素养的培养。

首先，领导干部要树立数据思维，正视数据影响。数据思维是数据素养的核心。大数据思维主要包括整体性思维、容错性思维和相关性思维等。整体性思维要求领导干部注重的是“全数据而非样本”；容错性思维追求的是“混杂性而非精确性”。大数据思维最核心的是相关性思维，要求领导干部更加关注事物的相关性而不是因果性，这无疑对传统通过追求因果性、精确性和样本抽样方法来把握事物相互关系的传统思维产生了巨大的冲击。因此，领导干部必须注重培育大数据思维：培育全局视野，整体把握事物间的关联性；接受事物的混乱性，树立接受混乱的目的是以否定混乱为前提，最终消除混乱而达到精确的思维观念；注重以因果思维为研究根基，以相关性思维为研究导向。此外，还要培养大数据互补思维：整体兼顾部分、量化整合质化和因果强调相关，在互补中实现大数据思维的超越。

其次，领导干部要提高数据意识，认知数据价值。数据意识是数据素养的先导。数据意识包括数据主体意识、数据生存意识、数据获取意识、数据共享与安全意识、数据更新意识、数据人才意识、数据伦理意识等。领导干部是否具有数据意识，直接决定了他对数据的敏感性，决定了他对数据的洞察力和判断力，决定了他能否迅速地发现数据的价值，从而对数据进行收集、存储、处理和共享，进而挖掘数据的价值。因此，为了提高领导干部的数据意识，须在社会环境中营造一种尊重数据、收集数据、使用数据和共享数据的社会文化氛围；同时，要利用新旧媒体的力量，在社会上进行广泛宣传和教育，使领导干部意识到数据的重要价值，意识到数据对政府决策的必要性，切实提高领导干部的数据意识。

再次，领导干部要不断丰富自身知识含量，以明辨数据是非。数据知识是数据素养的基础和前提。在大数据时代，数据具有不同的结构和类型，虚拟空间的匿名性特点为数据谣言的传播提供了便利条件。为此，要加快政府公共教育的基础设施建设，通过不同的途径对领导干部进行数据知识教育，丰富领导干部的数据知识，提高领导干部辨别数据是非的能力。

更重要的是，领导干部要提升道德修养，以引导数据走向。数据伦理是数据素养的基本准则和行为规范，领导干部需要提升道德修养来引导数据的走向。在大数据环境下，各种智能设备监控着公众的一切行为，公众正生活在一个“透明化”的时代里，裸露在“第三只眼”的监视中，个人的隐私极易暴露。在大数据时代，保护公民隐私就是使用和发展大数据。因此，引导数据的走向，是每位领导干部都应该具备的基本能力。同时，为引导数据的走向，国家应制定相应的隐私保护制度，规范数据管理和使用，加大问责力度，把责任规制到数据使用者身上；企业应加强责任意识，正确处理好数据经济发展与个人隐私保护的关系，遵守数据伦理底线，保护个人隐私；领导干部要树立法制观念，增强数据安全意识，关键要提升自身数据道德修养，坚定道德自律，合理准确地利用数据，确保正确决策。

最后，领导干部要学会预防数据崇拜。预防数据崇拜是数据素养的理性品格。在信息技术高度发达的今天，由技术所支撑发展起来的数据逐渐成为一种权威，因为基于大数据分析的人们能够预测未来，自己能够把控生活，而不是被生活所掌控。对数据的崇拜最早出现于商业领域，全球的零售龙头沃尔玛将啤酒和尿片放一起成功提高销售额便证实了这一点。随着数据重要性和影响力的不断扩大，人们对数据的依赖愈演愈烈，出现了过度崇拜数据的现象，如今过多的计步软件和心率监测软件便是实证。甚至有人提出“除了上帝，其他一切都要用数据说话”的盲目崇拜观念，唯数据主义的“数据独裁”逐渐凸显，数据逐渐演化成了人们的“精神鸦片”。数据一旦成了人类的“精神鸦片”，人类完全依赖于数据，则我们的命运将会掌握在少数人的手里，数据必将成为奴役人的工具。数据崇拜的危害主要表现在四个方面：其一，认知上出现“全数据模式”的错识；其二，量化上导致工具与价值的冲突；其三，预测方面容易使人类的自由权利受到限制；其四，相关性思维运用方面容易出现对相关性的过度崇拜等问题。因此，对领导干部而言，在运用大数据进行决策时要从思维层面认识到大数据也有它自身的局限性，从而做到在决策过程中时刻警惕“数据崇拜”的风险。

二、政府大数据服务平台的建立

在秉承创新、协调、绿色、开放、共享的发展理念的基础上，建立及不断完善政府大数据服务平台，在大数据服务平台中通过权衡各层级、各部门、各领域的利益关系，实现以大数据服务平台为中心的跨界利益联动，促进政府服务资源整合与开放共享。在明确政府数据开放的边界、范围及开放原则的基础上，政府部门须进一步搭建政府数据开放的共享平台，突破在某个行业或领域呈现孤立状态的条数据的限制[1]，打破数据壁垒、信息孤

[1] 程秋月，张顺. 大数据背景下政府决策数据化的实现路径[J]. 领导科学，2016(24):7-9.

岛、条块分割、烟囱林立的局面，促进政府与社会组织及个人的参与协作，群策群力，广泛参与互动，推动建设全国一体化的国家大数据中心，推进技术融合、业务融合、数据融合，实现跨层级、跨地域、跨系统、跨部门、跨业务的协同管理和服务[1]，以大数据服务平台为依托，实现领导干部凭借大数据思维进行决策的价值最大化。

三、领导干部大数据思维决策意识的培养

随着大数据时代的到来，运用大数据提升政府决策能力，需要把大数据思维融入政府决策理念，改变政府决策的理念维度、决策方式和决策思路[2]。然而，当下我国尚处在大数据决策发展的准备阶段、试验阶段，正处于传统政府决策思维向依托大数据决策的现代化决策思维的过渡阶段，由于存在个别政府领导依托大数据思维进行决策的决策能力不足的问题，需要培养领导干部依托大数据思维的决策能力。

首先，需要对领导干部进行大数据决策意识的培养。作为政府领导，在大数据思维决策迅速普及的当下，应该主动学习，主动提升大数据思维意识，在思想上充分认识大数据思维的内涵、特点及大数据思维的优势，在实务技能上掌握大数据决策的方式方法，为迎接大数据决策新时代的到来做好前期准备。

其次，由于当下政府领导决策存在的局限性的影响，以及大数据思维的发展速度超过了老一辈领导干部的学习速度，导致个别领导干部缺乏大数据思维，需要充分引进大数据领导人才和提高政府领导职能部门入职的门槛，实现政府领导由传统型向大数据复合型过渡。大数据领导人才包括系统研发工程师、应用开发工程师、大数据分析师、数字可视化工程师、

[1] 张勇进，鲍静. 基于大数据分析的政府智慧决策新模式[J]. 南京师大学报（社会科学版），2017(2): 53-59.

[2] 李霖. 大数据时代政府决策的变革之道[J]. 厦门特区党校学报，2014(6):43-47.

数据安全研发人才等[1]。通过大数据领导人才的引进，可优化政府领导队伍的配置。

四、领导干部大数据思维决策中统计异化的消解

统计异化是指人们在利用统计手段分析社会现象、探讨社会普遍规律的过程中，统计从被人支配的手段这一角色中脱离出来，反而作为一种支配者同人对立，统治人、控制人、支配人，从而对人类社会造成危害[2]。首先，在大数据时代，统计本身的特性使得统计如同万金油一般与其他学科结合，并且运用广泛，造成统计万能论的错觉；其次，由于数据统计者的主体意识不强，漠视自己的思辨力、判断力和主人翁地位，从而轻易地服从统计万能论；最后，法律、伦理的失范与滞后等都是大数据时代统计异化的助推器。因此，在依托大数据思维辅助领导科学决策、民主决策的过程中，对于统计异化问题的探讨，应该引起政府领导决策层的高度重视，并尝试从以下两方面克服统计异化对领导决策的不利影响。

一方面，领导干部要提高主体意识，确立自己在统计面前的主人翁地位。应清楚地认识到统计数据只是决策信息的一种来源，只是评判标准和参考体系之一，统计只是我们认识世界的一种手段、方法、工具。应理性对待数据与统计，不人为拔高其地位，统计在大数据时代起着何种作用，最终还是依赖人的主体能动性。因此，应提高领导干部的主体意识，培养具有独立意识、思辨能力、创新观念的数据工程师、分析师、统计工作人员，以推进政府领导科学决策、民主决策的可持续发展。

另一方面，需要加强法制和伦理建设。大数据时代的到来呼吁相适应的法规体系和伦理体系。因此，不断完善法律体系和伦理体系的建构，推进政府领导决策科学化，大力宣传正确的决策价值观念、社会责任、道德

---

[1] 刘静. 大数据时代领导干部面临的境遇与应对之策[J]. 领导之友，2017(16):27-29.

[2] 李晶. 统计异化[J]. 边疆经济与文化，2008(2):36-37.

伦理和法律规范等，是领导干部决策在利益面前遵守法律与道德立场的必经之途。同时，要引入传统伦理思想，尤其是“仁”的观念、“诚”的思想、“义利”之辨和“慎独”精神[1]。这样，领导干部的决策过程才能始终坚持实事求是的优良作风，在利益诱惑面前不为其动，坚持权利与义务相结合的责任制，摒弃虚假统计的意图与行为。

五、领导干部大数据思维决策机制的变革

借助大数据思维的政府领导决策，需要充分营造政府领导大数据决策环境，通过大数据决策机制的变革重构政府决策机制意义重大，急需实现决策过程中的激励机制、容错机制、责任监督机制、预防机制、评估机制与大数据决策机制在决策思维上的融合与创新，完善相关大数据决策的法律、法规及政策，实现领导决策标准统一化，程序合法化、合理化，责任监督规范化，激励和积极引导政府领导依托大数据思维进行决策，使得大数据决策成为新时代政府常态化运行的决策机制，促进政府政治、经济、文化、社会公共服务职能的充分发挥，为建设服务型政府、阳光型政府、智慧型政府提供决策基础。

[1] 刁生虎，刁生富. 传统伦理思想与现代网络道德建设[J]. 淮阴师范学院学报（哲学社会科学版），2006(2):210-214,218.

第五章

数字政府：新时代高效行政服务的新模式

新时代数字政府创新建设是智慧社会建设的重中之重，是政府职能转变的前驱动力，是化解社会主要矛盾的内在要求，是社会治理创新的基础条件。新时代对数字政府创新建设的需求已迫在眉睫，亟须通过一条“指挥棒”统一部署数字政府建设工作，不断地建立及完善跨域数据共享机制、利益协调机制、数字政府制度等，从而有效清除当前数字政府建设过程中遇到的建设标准不一致、数据不畅通、利益难协调、制度不健全等障碍，促进数字政府治理能力、决策能力、服务能力、创新能力显著提升。

—第一节—
新时代数字政府的含义与特征

一、数字政府的含义

当前，中国特色社会主义进入了新时代。从技术经济角度来看，以互联网、物联网、大数据、云计算、智能机器等新一代信息技术和人工智能技术为依托，人类社会进入了以数据为重要资源和资产的大数据时代。一个“一切都被记录，一切都被分析”的数字化时代的到来，是不可抗拒的[1]。可以说，大数据开启了一次重大的时代转型，大数据正在改变我们的生活方式和理解世界的方式，成为新发明和新服务的源泉，更多的改变正蓄势待发[2]。数字化和智能化对生活、工作和思维的方方面面都产生了重大影响，其波及范围之广、影响程度之深，是前所未有的。为顺应大数据时代社会发展的大趋势，新时代政府的治理体系和服务模式也必须发生转变。数字政府建设正是在这样的背景下被提上议程的，并在当前取得了长足的进展。

数字政府建设是大数据时代行政服务模式的创新范式，已成为不可逆转的趋势。数字政府的前身是电子政府，它的提出源于 1993 年美国倡导

[1] 周涛. 为数据而生：大数据创新实践[M]. 北京：北京联合出版公司，2016:5.

[2] [英]维克托・迈尔-舍恩伯格，肯尼斯・库克耶. 大数据时代[M]. 盛杨燕，周涛，译.杭州：浙江人民出版社,2013:1.

实施的“信息高速公路计划”，当时的美国副总统戈尔发起了一场名为“国家绩效考察”的运动，用于检视美国政府在管理和服务提供方面存在的弊端。在这场运动中，构建电子政府作为一个重要的改革方向被提出[1]，但在当时并没有被各国政府重视，这只是其在历史舞台上登台亮相的一个前期准备和剧情预告。

直到 21 世纪初，数字政府才开始发展，相关领域的研究专家纷纷发表对其的概念界定，其内涵和外延得到了不断丰富和发展。“数字政府”（Digital Government）又称虚拟政府（Virtual Government）或电子政府（Electro Government）[2]，是在认可政府具有存在价值和政治功能的前提下，赋予政府运行的智能化和技术化属性[3]，在计算机、网络通信等信息技术的支撑下，实现日常办公、信息收发、公共管理等政府事务的数字化、网络化的一种现代行政管理模式[4]，更是一种在运用新兴数字技术支持政府再造过程中政府运作和效力复杂变化的结果[5]。

结合新时代数据化和智能化的特征，我们认为，数字政府是指以新一代互联网、物联网、大数据、人工智能、区块链等技术为支撑，充分契合政府发展的客观规律与政府建设创新的主观能动性的一种多元化协同、多维度互动、多空间泛在的新时代高效行政服务模式。

二、数字政府的特征

作为新时代的高效行政服务模式，数字政府充分利用新一代信息技术和人工智能技术来提升政府治理和服务的现代化水平，具有三个显著特征。

---

[1] 张锐昕. 电子政府内涵的演进及其界定[J]. 社会科学辑刊，2011(5): 48-51.

[2] 吕萌萌. 数字政府文化框架及实现途径研究[D]. 大连：辽宁师范大学，2014.

[3] 梁木生. 略论“数字政府”运行的技术规制[J]. 中国行政管理，2001(6): 20-21.

[4] 袁文艺，毛彦洁. 数字政府与网上政治文化入侵[J]. 社会主义研究，2003(2):82-84.

[5] 何枭吟. 美国数字政府透视[J]. 边疆经济与文化，2006(5):110-112.

1. 多元化协同性

多元化协同性指行政部门纵横视域共融、网格化互通，实现跨层级、跨部门、跨领域利益协同新机制；国家政策法规引领、省级统筹规划设计，实现各地方部门协同联动的整体政府内部联动新体系；数字政府大数据资产互联互通共享，形成数字政府整体联动机制新格局；形成政府运行体系纵横联动与国家治理、社会治理协同新局面。

2. 多维度互动性

多维度互动性指数字政府与不同服务对象互动，实现实时互动反馈，社会参与积极性高；数字政府政务服务便捷化、高效化、精准化、个性化；数字政府服务职能转型，实现从传统的以国家和国民为服务中心向以每个个人为服务中心的服务转型；数字政府社会公共服务全覆盖，公共服务均等化。

3. 多空间泛在性

多空间泛在性是数字政府的本质特征，即指通过“天地一体”的泛在服务支持体系，实现数据跨域关联、互通共享；服务网络全覆盖，服务传输网速高质量，网络运营体系安全可靠；数字政府服务数据采集动态化，服务决策精准化。

— 第二节 —
新时代数字政府建设的价值分析

一、新时代智慧社会建设的重中之重

数字政府建设是新时代智慧社会建设的重中之重。在新时代智慧社会背景下，大数据作为一种资源和资产已经关系到国家战略规划，而数字政府建设就是其中最重要的一环。十九大报告首次提出建设智慧社会的目标，指出要突破技术难题，引领技术创新，为实现把我国建设成为科技强国、网络强国、数字中国的目标而做好准备，为我国的智慧社会建设提供支撑点。

然而，智慧社会的建设是一个复杂的系统工程，急需建成一个运转高效、服务精准、管理到位的数字政府，以扮演智慧社会建设过程中“把关者”的角色，充分发挥其带好路、走大路、不迷路的正确引领作用。因此，在新时代智慧社会建设中，数字政府的建设是重中之重。

二、新时代政府职能转变的前驱动力

建立和完善数字政府是近年来国际上发达国家适应信息技术发展、提

高政府社会服务能力和管治能力、激发创新活力的重要举措[1]。随着社会生产力的不断发展，社会公众文化水平不断提高，公民权利意识不断增强。在这样的社会背景下，社会公众对政府的服务要求越来越高，传统的政府已经不具备满足公众新要求的能力。但数字政府不同，其所具有的三重属性顺应了我国未来智慧社会建设发展的趋势，它就是新时代政府职能转变、推进上层建筑与经济基础相适应的服务型政府，是高度透明、具有公信力和威信力的政府，更是人民群众办事信任、办事满意的政府。

然而，随着大数据时代的到来，社会运转的数据开始集中连片地出现，数据间的流动性与关联性特征日渐明显，被记录的一切开始发挥其价值，交叉复现的数据正是数字政府建设过程中所需要的事实真相，大数据也正是政府职能转变的强有力的技术支撑要素，数字政府建设找到了出路。因此，新时代智慧社会背景下的数字政府建设，急需总结建设经验，快马加鞭砥砺前行，而数字政府建设正是新时代政府职能转变的前驱动力。

三、新时代化解主要矛盾的内在要求

经过四十年的改革开放，我国社会已发生了翻天覆地的变化，新时代社会的主要矛盾已转化为人民日益增长的美好生活需要和不平衡不充分的发展之间的矛盾。主要矛盾的转变体现群众需求的转变，这正是驱动政府服务创新、激发政府创新建设的内生动力。

建设数字政府以满足人民群众的需求是政府服务的出发点和落脚点。新时代数字政府的建设，能有效满足人民群众对美好生活日益增长的需求和对政府公共服务提出的新要求，有效解决发展的不平衡不充分问题，从而有效满足新时代化解社会主要矛盾的内在要求。

[1] 兰红平. 建立数字政府提升社会服务能力[J]. 特区实践与理论，2016(1):115-118.

四、新时代社会治理创新的基础条件

社会治理是指政府、社会组织、企事业单位、社区及个人等诸行为者通过平等的合作型伙伴关系，依法对社会事务、社会组织和社会生活进行规范和管理，最终实现公共利益最大化的过程[1]。数字政府建设是实现社会治理创新、公共利益最大化的过程。数字政府本身是以大数据、人工智能等技术为支撑而建成的多元化协同、多维度互动、多空间泛在的新时代高效行政服务模式。从其内涵与特征中可知，新时代的社会治理是一种新型的“去行政化”的社会共同治理模式。它讲究的是政府自律获得威信力和公信力，市场自律获得自由发展的空间。通过“放管服”的改革方式，重构政府角色，以及社会组织、企事业单位和个人在社会治理过程中的权利监督与维护、责任承担、利益共赢机制等。

在大数据时代，社会治理模式获得颠覆性的变革来源于大数据思维的威力，从而使市场的资源优化配置具备了自律的美德。这一治理环境的形成有利于激发社会治理参与主体的积极性、主动性和主人翁意识，实现社会治理创新的良性互动与可持续发展，而其基础条件就是数字政府的建设。

[1] 杨安. 大数据与社会治理创新[J]. 观察与思考，2017(3):45-50.

第三节

新时代数字政府建设的推进策略

数字政府建设是民生工程，本着服务群众、惠及群众、便利群众的宗旨，始终坚持把人民群众对美好生活的向往作为数字政府建设的目标，所以当下在全国各地兴起数字政府建设的热潮。但是，在数字政府建设过程中，由于存在建设标准不一致、数据不畅通、制度不健全及利益难协调等问题，导致数字政府建设脚步放慢，延缓了数字政府建设的进程，亟需通过总“指挥棒”统一部署、跨域数据共商共建共享、利益协调互惠互利互赢、健全制度确保建设畅通等策略来推进数字政府建设。

一、总“指挥棒”统一部署

在阻碍数字政府建设的各种因素中，最突出的一点就是标准不一导致的建设工作的重复，延缓了数字政府建设进程。因此，当前数字政府建设须重新审视标准化建设工作，通过国家一条指挥棒统一部署数字政府创新建设战略，各个地方的数字政府建设要严格贯彻落实国家政策文件要求，从而充分发挥我国数字政府创新建设一个指挥中心的战略指导作用，形成各省各地区部门协同、多方参与互动的数字政府建设“金字塔型”部署新格局（见图 5-1）。

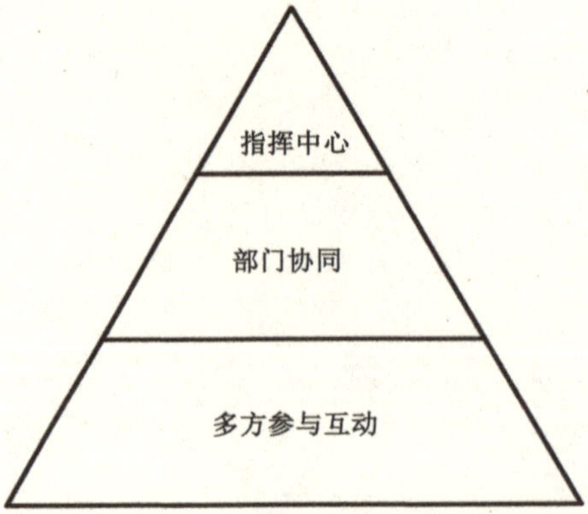

图 5-1　数字政府建设“金字塔型”部署格局

当前，我国数字政府建设总体规划部署已初见成效。各省各地区相关数字政府建设部门认真贯彻落实《促进大数据发展行动纲要》《政务信息资源共享管理暂行办法》《推进“互联网+政务服务”开展信息惠民试点实施方案》《政务信息系统整合共享实施方案》等文件精神，认真执行《政务信息资源目录编制指南（试行）》等顶层规划设计要求，加快建立数字政府数据资源目录体系，始终保持我国数字政府建设工作稳步推进与可持续发展，做到认真贯彻落实中央文件精神不偏不离；不断推进标准化工作一体化，为政务信息资源目录编制提供一套标准，充分发挥“一个指挥中心”的统筹调度工作。值得注意的是，自上而下的管理决策的正确与否取决于自下而上的信息反馈，指挥中心须及时结合下级反馈的数据，不断提高中心决策模型泛化能力，推进建设模型的合理化假设空间。

部门协同与多方参与互动是数字政府建设总指挥的支撑要素。在数字政府建设过程中，处理好支撑要素之间、支撑要素与指挥中心之间的关系尤为重要。当然，后者主要是下级执行部署指挥中心规划设计的工作，及时与上级沟通反馈即可，而前者的协调工作具有复杂性，是导致当前数字政府建设困境产生的根源。

以广东省佛山市推进数字政府建设工作为例，由于各部门有各自的系统、数据资源标准不统一、推进工作的专职人员变动大，数字政府建设的统一调度与地方部门间的协同联动是数字政府建设过程中的重难点。所以，为了加快数字政府建设工作，目前须切实依托大数据服务平台，优化和再造政府监管与服务流程，促进政府数据实时无缝流动，推动跨部门、跨层级、跨区域业务协同联动，充分运用移动互联网、云计算、大数据、物联网等新一代信息技术和人工智能技术来激发政府管理模式的创新，促进政府间部门协同模式和服务管理模式的变革。

当前，广东省佛山市成立数字政府建设管理局（见图 5-2 和图 5-3），在打破各区数据孤岛、破解佛山市当前政务大数据共享难题方面发挥了积极作用，在构建佛山市政务大数据资源共享，实现跨层级、跨区域、跨系统、跨行业协同管理和服务方面迈出了有力的一步，其对部门协调问题的解决方式与方法已经逐渐外显。总结可得其大致思路是，指挥中心在本质上是一条贯穿金字塔的指挥棒，是一条主线，各部门间工作难以协调是因为受到权利界限不清、平级难以相互配合共同工作等传统型部门观念的束缚，需要单独的第三方管理协调者才能打破这一僵局。而佛山市数字政府建设管理局的成立，正是打破这一僵局的有效尝试。

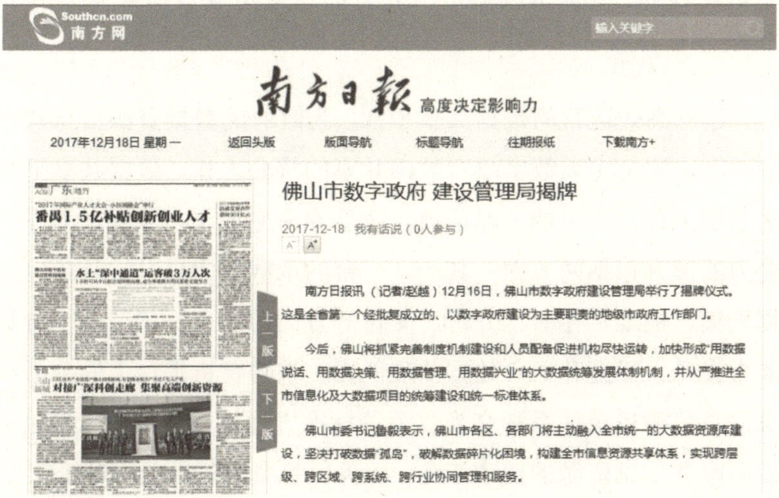
Southcn.com
南方网
输入关键字
南方日報 高度决定影响力
2017年12月18日 星期一　返回头版　版面导航　标题导航　往期报纸　下载南方+

佛山市数字政府 建设管理局揭牌

2017-12-18　我有话说（0人参与）

南方日报讯（记者/赵越）12月16日，佛山市数字政府建设管理局举行了揭牌仪式。这是全省第一个经批复成立的、以数字政府建设为主要职责的地级市政府工作部门。

今后，佛山将抓紧完善制度机制建设和人员配备促进机构尽快运转，加快形成“用数据说话、用数据决策、用数据管理、用数据兴业”的大数据统筹发展体制机制，并从严推进全市信息化及大数据项目的统筹建设和统一标准体系。

佛山市委书记鲁毅表示，佛山市各区、各部门将主动融入全市统一的大数据资源库建设，坚决打破数据“孤岛”，破解数据碎片化困境，构建全市信息资源共享体系，实现跨层级、跨区域、跨系统、跨行业协同管理和服务。

上一版　下一版

图 5-2　佛山市数字政府建设管理局揭牌的有关报道（一）

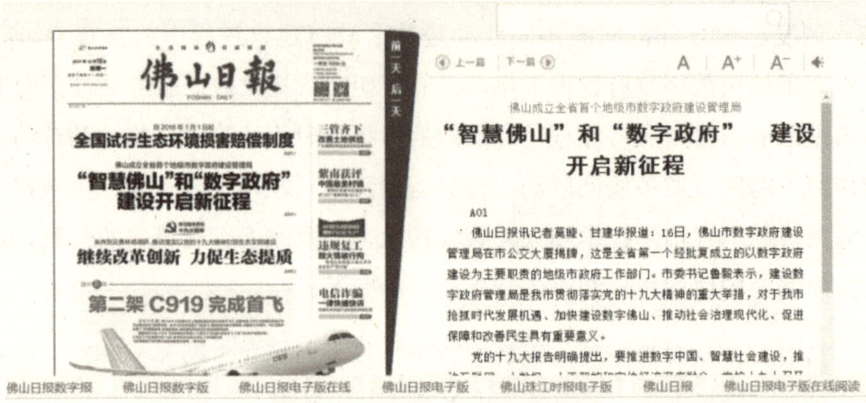

图 5-3 佛山市数字政府建设管理局揭牌的有关报道（二）

二、跨域数据共商共建共享

大数据作为智慧社会中数字政府建设的核心资产，其保值增值在于流通。因此，在数字政府建设过程中，数据不畅通困境的突破及超越并不是不可实现的，具体可以从以下几方面思考跨域数据共商共建共享的路径。

（1）建立高效运营的数据共享平台，为政府的数据资源信息共享提供渠道和平台，这是实现数字政府数据共享的核心工作。数据共享平台建设是一个系统工程，不可能一蹴而就，需要充分考虑平台实际的共享能力。共享能力的提升包括两方面：其一，平台的承载能力提升。具体包括平台的数据采集、梳理、存储、分析、交付等方面的能力。其二，平台数据的治理能力提升。要提升平台数据治理能力，就需要将平台上的数据按照国家政务信息资源目录体系和交换体系的标准进行治理，治理工作包括各级政务部门政务信息资源的梳理工作，政务信息资源的分类，责任方、格式、属性、更新时限、共享类型、共享方式、使用要求等相关内容的编辑。所以，数据共享平台的建设不仅需要强化建设平台的硬件设施，还要顾及软件的开发运用和平台本身的数据治理规范。值得注意的是，这些工作都需要一批真正懂得大数据资源管理与运用的专家来指导和开展。因此，数据共享平台的建设还需要培育人才。

（2）高质量的网络空间建设是数据共享平台健康循环的血液，有利于促进平台的持续优化。对数据共享平台的建设来说，互联网是动脉，没有移动网络的共享或网络反应速度不佳的共享平台，很难满足人民群众的独特需求。所以，数据共享平台的建设要不断提高网络承载能力，不断推进网络转型，强化数据共享平台的共享效率。就目前而言，加快迈进 5G 时代是当务之急。

（3）数据共享平台建设需要注意数据安全、数据隐私问题，以免酿成数据灾难，造成不可弥补的损失。数字政府数据共享平台极具安全隐患，因为政府作为公共服务机关，是国家数据运转集散中心，各个领域的数据在政府公共服务平台的资源共享难免导致系统崩溃或受黑客攻击。基于此，为了避免高度透明的数字政府建设陷入“塔西佗陷阱”，数据共享平台的建设要特别注意两方面：一是工作人员数据保护意识的培养。在数字政府数据共享平台的建设中，对工作人员数据保护意识的培养极为重要；二是加强防护网建设。在大数据时代，病毒入侵与黑客活动频繁，从外部窃取政府数据不是没有可能，须加强防护网建设，层层封锁数据窃取端口，让不法分子无法为所欲为。

（4）建立高效运营的数据共享平台、实现跨域数据共商共建共享的目标还须注意数据资产共享的目的及数据本身的管理。数字政府的三重属性决定了数字政府数据共享平台的功能属性，平台的服务对象广泛，不仅包括政府内部工作人员，同时还包括企业、组织、社会团体等，这就要求数字政府在建设数据共享平台的过程中做好以下几方面的工作。

一是数字政府的数据资源共享，其共享的特点是“取之于民，用之于民”，作为共享资源平台的提供方，为使其服务对象充分共享自身的数据资源，应扮演好主动共享资源的角色。同时，针对权力本位和部门利益的制约，须打破原有的思维定式和工作习惯，扫除妨碍数据共享的旧思想、老观念，实现理念转型[1]。

二是平台数据资源共享的主体、服务对象的多样性，决定了平台数据资源共享的复杂性，如果没有一个统筹各方数据的标准去约束和规范数据，那么后期的数据资源共享将更加困难，因此，数据共享平台的建立还须从当下找到协调长远发展的共享目标，不要被“万事开头难”的固定思维所困扰。通过依托数据共享平台，实现共享工作各方协同互动，通过统一的标准建立统一的资源共享目录，增强数据共融的适应能力。

三是大数据的“4V”特性决定了数据资源价值挖掘工作的困难程度，特别是对于数据共享平台而言，必须具备资源价值挖掘能力。要做到对转瞬即逝的数据资源的及时抓取和实时动态更新，数据资源的价值不像“煤矿”等资源的价值具有稳定性，数字政府的数据资源的价值主要在于流动性、实时性和精准性，可将其运用于实时推出的个性化服务。因此，平台的数据资源共享须突破技术壁垒、信息壁垒、数据孤岛等困境，促成平台数据资源高速运转和流动，在最短的时间内使共享数据资源的价值最大化。

三、利益协调互惠互利互赢

数字政府建设的根本路径是利益协调机制的建立，以实现数字政府建设参与各方利益的最大化。利益是一切冲突的根源，如果利益问题得不到解决，由利益产生的其他问题也无从解决[2]。马克思曾指出：“人们为之奋

[1] 邓念国. 体制障碍抑或激励缺失：公共服务大数据共享的阻滞因素及其消解[J]. 理论与改革，2017(4):117-126.

[2] 赵建杰. 利益冲突到利益和谐发展的“拐点”：新时期我国利益协调机制的构建[J]. 周口师范学院学报，2012,29(1):90-94.

斗的一切，都同他们的利益有关。”[1]数字政府建设是一个长期的系统工程，由于其具有多元化协同的特征，建设的过程必然牵涉各方利益，如果不能找到可行的策略协调各方利益，数字政府的建设将举步维艰。

数字政府的建设利益协调不仅包括政府内部各部门、各层级间的利益协调，还包括政府的服务对象与政府的利益协调，以及政府的服务对象与服务对象间的利益协调。当前，我国数字政府建设利益难以协调的疑难点是多主体的利益协调矛盾。

值得注意的是，纵观整个社会的发展形态，没有哪个国家的社会公众与企业团体不支持高度透明的政府为自己服务。在大数据时代到来之前，都是社会公众与企业团体通过各种渠道表达利益诉求，从而倒逼政府服务转型，结果就是，当前的数字政府建设的利益协调机制已经从传统政府建设的多方利益协调阶段过渡到现在的内部利益协调阶段。从长远的角度考虑，随着政府管理与服务的转型升级，社会公众与企业团体将随着生产力的发展而提出新的利益诉求，数字政府的利益协调机制还将回归多方利益协调阶段，形成一个“多方利益——单方利益——多方利益”的利益协调闭合环路。当前数字政府建设可为下一个利益协调“拐点”的出现做好前期准备，这也是当前数字政府建设的原始动机。

了解了当前数字政府建设利益协调矛盾的根源，那么，“对症下药”的工作就必不可少，针对困境，超越之路可从以下几方面进行探讨。

首先，采取清单化管理模式，将数字政府建设全景图实时反馈给指挥中心，运用大数据工具加强顶层规划的宏观调控能力。通过权力清单、责任清单、负面清单、财政清单、红黑名单等的清单化管理模式，把所有的行政行为主体与客体合法化地约束起来，缩减行政行为失控的可能性。清单化的管理模式除了发挥数字政府内部员工相互监督的行为机制作用，还

[1] 中央编译局. 马克思恩格斯全集：第1卷[M]. 北京：人民出版社,1995:187.

能倒逼员工自律，实现自我管理。在以数据说话的时代，当政府引进清单化的管理模式，再加上清单的数据可以实时被整个行政系统调配管理及审查，无疑在政府内部监督体系中形成了一个现代化的“圆形监狱”监督体系，将对数字政府的创新建设起到至关重要的推动作用。如此一来，原有的数字政府内部可能存在的懒政行为，以及“踢皮球”、推脱的现象将被有效避免，对数字政府建设环境的改善具有极大的促进作用。

其次，加强数字政府建设的理念教育是数字政府建设的人才驱动力。数字政府建设急需加强建设理念再教育，针对当前利益难以协调的内部困境，通过理念再教育的方式让内部员工形成大数据思维和树立服务意识，转变思想观念，主动放弃个人的局部利益，将目标投向长远。基于数字政府创新建设服务转型的受益群体，不仅包括社会公众，还包括政府的正式编制人员。可以说，数字政府的全面建成是每一个人的目标。

最后，也更重要的是，建立健全新型数字政府利益协调机制是协调当前利益最行之有效的方法。没有实时更新绩效评估制度，导致数字政府建设过程中各部门的利益得不到确权，使得数字政府建设被传统型政府的绩效评估制度捆绑，其原因在于“新”与“旧”的利益冲突尚未得到平衡，主要表现为过去的政府是管理型政府，相比服务型政府，从政府本身的利益诉求出发可以发现其中存在的利益差异，前者利益集中于政府与国民，而后者所惠及的利益是每个具体的个人。

政府 1.0 时代侧重“以政府为中心”；政府 2.0 时代侧重“以国民为中心”；政府 3.0 时代侧重“以每个人为中心”[1]。政府角色的变革必然决定了政府利益协调机制的变革，须将政府 1.0 时代与 2.0 时代的利益协调机制变为与 3.0 时代相适应的利益协调机制，并实时做好更新工作，因为大数据时代的“不变之理”就是“以变应万变”，要提前做好迎接政府 4.0

[1] 陈潭. 大数据时代的国家治理[M]. 北京：中国社会科学出版社，2005: 61-63.

时代到来的准备。

因此，当前的利益协调机制需要从实际出发，在全面考察各层级的利益诉求之后成立专门的第三方利益协调部门，专门从事协调数字政府各部门间利益冲突，从利益共同体中寻求利益平衡机制。应构建利益表达机制，维护利益的合理诉求；构建利益导向机制，保障利益的正确实现；构建利益调节机制，实现利益的公平调整；构建利益补偿机制，促进利益的整体协调；构建利益约束机制，规范利益的实现途径；构建利益矛盾疏导机制，推动利益的整合发展[1]。

四、健全制度确保建设畅通

数字政府建设标志着我国政府从管理型政府走向服务型政府的变革之路已经迈入新时代。服务型政府的时代已经到来，以每个个人为服务中心点的服务型数字政府建设必将更加强调服务的便捷度、满意度、精准度，更加注重服务过程中群众积极乐观的服务体验、情感体验及个性化需求。为达到这一目标，全面建成这样的服务型政府，需要配套的相关制度体系的创新建设。

从问题与需求出发，寻找当前数字政府制度建设的欠缺与不足，最大限度地弥补制度建设滞后与数字政府快速发展形成的制度“缝隙”所带来的“遗憾”。借鉴以往自下而上的倒逼政府制度变革的经验，大数据时代的数字政府制度建设需要革新，需要主动调查需求，通过对自下而上的社情民意与公务人员真实反馈数据的采集、清洗、加工、存储、分析及应用，将自下而上的数据与自上而下的统筹机制相融合，营造有利于政府、市场及社会公众的科学合理的制度环境，不断推进制度重构的流程再造。

---

[1] 周航，赵连章. 构建利益协调机制加强与创新社会管理[J]. 社会科学战线，2012(4):281-282.

政府制度在制约政府权力、保障公民权利、维护社会公平正义、提供公共服务等方面发挥至关重要的作用。要实现政府治理现代化，就需要现代化的政府制度[1]。由此可见，实现制度的重构对当前数字政府建设具有重要的助推作用。所以，在健全制度保障数字政府建设过程畅通无阻的路上，首先，可以通过完善法律与行政制度的方式，从法律制度层面规范数字政府建设的办事规程与行为准则，将数字政府制度重构流程、程序的自由发挥空间有效地约束在合法的范围内，可以避免制度建设过程中越轨行为的出现。

其次，不断完善政府监督制度。“关在制度的笼子里”的权力有其自由裁量的空间，为了避免因执行者理解偏差带来的影响，可以通过合理运用大数据时代的工具，分析行政行为的数据痕迹，形成数字政府建设准备阶段、执行阶段、评估阶段、创新阶段的有效监督机制，实现数字政府建设的全流程监督体系。

再次，完善政务信息系统网络安全保障制度。重点加快复杂网络、新技术应用、大数据汇聚、互联系统等各类条件下网络安全保障制度的建设，切实提高系统访问、技术应用、复杂网络、运维人员、数据流动等方面的安全管理能力，从而提升网络安全事件应急响应能力。

最后，建立客观合理的绩效评估制度，这是当前数字政府制度重构的重难点。数字政府的绩效评估制度的完善需要从各层级绩效评估机制、部门的绩效评估机制、公务人员绩效评估机制三方面着手，在数字政府建设过程中，将各层级、各部门及所有公务人员的实际贡献能力、目标达成情况等与酬劳机制、激励机制、惩罚机制相耦合，积极鼓励在数字政府建设过程中各职能部门积极作为的行为，适当提醒其不作为的行为。但是，要坚决规避将积极作为的行为与惩罚机制相耦合的绩效评估机制的形成。例

[1] 薛刚. 我国现代政府制度建设的问题与对策[J]. 中州学刊，2016(8): 1-6.

如，本来是加分项的行政行为，在实际的评估过程中，却变成了减分项，这将打击各职能部门的积极性。因此，在数字政府绩效评估制度建设过程中，应革新绩效评估理念，优选评估工具，明确评估主体，精准评估实际成效，形成科学化、民主化的新时代数字政府绩效评估制度。

第六章

数字公民：智慧社会建设的主体

随着大数据时代的不断发展，数字地球、数字中国、数字社会、数字经济、数字化生存等与数字相关的时代特征不断交叉复现，必将对国家治理、社会治理和社会公共服务等领域产生深远影响。基于现实空间与虚拟空间交互耦合而重构的新一代数字身份，克服了公民身份与数字世界相互排斥的难题，勾画了与时代相互融合的身份认证场景。在全球数字化浪潮中，数字公民已突破概念阶段，开始走向建设和应用，对社会公众的生活方式将产生重要影响。数字公民建设是智慧社会建设的基石，是公共服务和社会治理困境的突破口，是改善民生的重点工程，是网络空间的治理能手，为公民提供“走遍天下”的通行证，具有重要的现实意义。

相比一浪高过一浪的全球数字化、智能化浪潮，数字公民这一概念的提出和确立相对较晚。2014 年 10 月，在葡萄牙里斯本举行的第九届国际法律、安全与隐私问题的国际会议上，数字公民的概念首次被提出。这次会议分别从权利、责任、义务、价值等视角对数字公民进行了探讨，取得了一定的成果[1]。互联网、物联网、大数据和人工智能技术的快速发展和广泛普及，衍生出将人与网络世界相融合而重构的备份虚拟数字身份。

近年来，由于数字公民概念的内涵与外延不断丰富和扩展，其功能与意义也逐渐凸显。大数据和人工智能时代的到来，也为数字公民的发展提供了肥沃的土壤，其影响范围逐渐扩展到世界范围内的各个角落，中国也“深受其利”。2017 年全国两会期间，全国政协委员、新大陆科技集团总裁王晶在会议上首次将数字公民的概念引入中国，再一次拓展了数字公民的含义及特征，使具有中国特色的数字公民落地中国，引起了国内外媒体广泛关注。数字公民理念具有创新公共服务、助推国家治理现代化、探索数字世界治理三个方面的优势，它还能回答了 2014 年习近平总书记调研军门社区时提出的“三个如何”的问题。2017 年 8 月 28 日，全国首个“数字公民”试点在福州鼓楼启动，“数字公民”联合实验室同时揭牌[2]，标志着数字公民在我国已经落地生根（见图 6-1）。

---

[1] Vierra D A. The digital Citizen[C]. CLSR-LSPI，Lisbon，Portugod，2014.

[2] 吴晖. 全国首个“数字公民”试点落户福州鼓楼[N]. 福州日报，2017- 08-29(1).

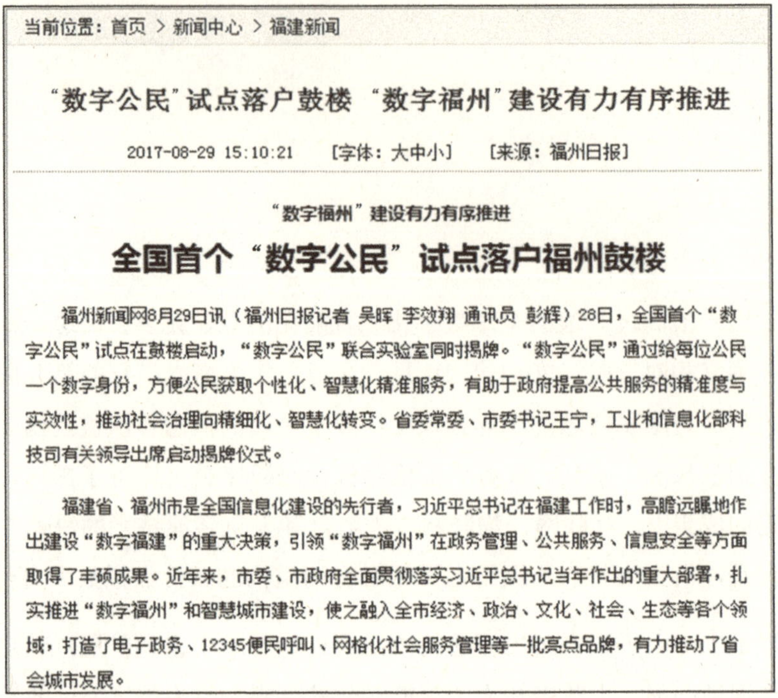

当前位置：首页 > 新闻中心 > 福建新闻

“数字公民”试点落户鼓楼 “数字福州”建设有力有序推进

2017-08-29 15:10:21 [字体：大中小] [来源：福州日报]

“数字福州”建设有力有序推进

全国首个“数字公民”试点落户福州鼓楼

福州新闻网8月29日讯（福州日报记者 吴晖 李效翔 通讯员 彭辉）28日，全国首个“数字公民”试点在鼓楼启动，“数字公民”联合实验室同时揭牌。“数字公民”通过给每位公民一个数字身份，方便公民获取个性化、智慧化精准服务，有助于政府提高公共服务的精准度与实效性，推动社会治理向精细化、智慧化转变。省委常委、市委书记王宁，工业和信息化部科技司有关领导出席启动揭牌仪式。

福建省、福州市是全国信息化建设的先行者，习近平总书记在福建工作时，高瞻远瞩地作出建设“数字福建”的重大决策，引领“数字福州”在政务管理、公共服务、信息安全等方面取得了丰硕成果。近年来，市委、市政府全面贯彻落实习近平总书记当年作出的重大部署，扎实推进“数字福州”和智慧城市建设，使之融入全市经济、政治、文化、社会、生态等各个领域，打造了电子政务、12345便民呼叫、网格化社会服务管理等一批亮点品牌，有力推动了省会城市发展。

图 6-1 全国首个“数字公民”试点落户福州鼓楼

数字公民在当前已突破概念阶段，开始走向建设和应用，对社会公众的生活方式将产生重要影响。这是最好的时代所迎来的机遇，数字公民的福利时代已经降临；同时也是最好的时代所面临的挑战。然而，值得注意的是，“机遇+挑战=社会进步”这个等式呼吁新时代须加快前进的步伐，不断地向完美跃进。

在数字时代的机遇与挑战面前，数字公民作为数字社会构成的最小单元，对数字公民的建设研究就如烧砖厂的工匠对每块砖的仔细研究一样，目标都是建设美丽和谐的新时代。用微小表达宏大，从“一块砖”呈现的整个社会，勾起无数工匠的宏伟愿景，工匠们开始琢磨如何量身定制符合数字时代标准的“砖块”来支撑整个数字社会的灵魂。

— 第一节 —
数字公民的基本内涵与基本特征

一、数字公民的基本内涵

生产工具的变革推动着社会的发展和转型。随着新一代信息技术的不断深入发展，以数据为驱动的大数据与人工智能时代，以惊人的速度迈出了人类最新一轮现代化发展的步伐，国家治理现代化、社会治理现代化、社会公共服务现代化已经成为现代化国家的标配。正当所有国家都在寻找以网络化、数字化、智能化为杠杆的现代化创新的支点时，传统的物理世界的公民身份已经在很大程度上不能适应社会发展状态，需要另一种更加完备的身份来使人们能够融入除物理世界外的网络世界中。正如美国社会学者杰森·欧勒所言："当今人们除了拥有传统田野式社区中的公民身份，还增加了一重现代数字式社区的数字公民身份，即在虚拟空间中运用数字技术从事学习、工作和生活。"[1]数字公民概念正是在这样的背景下应运而生的。基于现实空间与虚拟空间交互耦合而重构的新一代数字身份，解决了公民身份与数字世界相互排斥的问题，勾画了与新时代相互融合的身份认证场景。

同任何新概念的产生一样，数字公民概念的界定、对其内涵和特征的

[1] Jason B O. Digital Community, Digital Citizen [M]. CA :Corwin Press, 2010:165-169.

探索，可谓“仁者见仁，智者见智”。张立新认为：数字公民是指能够理解与技术相关的人文和社会问题，并能在应用信息技术参与社会活动的过程中表现出合乎法律和道德规范行为的人[1]。吴玉娟认为：数字公民是利用信息技术手段遵照相应的规范，适当且负责任地参与社会活动的人[2]。维基百科将数字公民界定为“利用信息技术参与社会活动、政治活动和政府活动的人”。全国政协委员王晶认为：数字公民是每个公民在数字世界中的副本，通过信息技术手段代表公民在数字世界中参与各类活动、行使各项权利、履行各种义务；数字公民是公民在大数据时代的画像和展示；数字公民是公民获取公共服务的升级版；数字公民是公民参与社会治理的创新形式；数字公民是真正推动“多元”社会治理的主体[3]。

综上所述，可以看出，数字公民是具备数据安全素养、数据技术素养、数据知识素养、数据道德素养的现实个人；是在虚拟空间与现实空间以社会学的想象力为基础，以真实世界中的自我作为虚拟世界中投射的自我的典范，以物联网、大数据、人工智能等技术为支撑的多元身份综合体；是通过行使权利与履行义务的方式，在数字社区专门从事符合社会行为规范的网络空间新生代公民。

二、数字公民的基本特征

1. 身份多重性

身份多重性是指数字公民的身份是多个身份集合而成的身份综合体，将多样化的公民身份以统一的符号形式呈现出来，与传统身份相比较时这一特征最为突出。数字公民身份建设之前，公民个人的身份主要以零散的形式分布在不同的区域，如户口簿上的身份、居民身份证上的身份、支付

[1] 张立新，张小艳. 论数字原住民向数字公民转化[J]. 中国电化教育，2015(10):11-15.

[2] 吴玉娟. 大学生数字公民责任现状调查研究[D]. 金华：浙江师范大学，2013.

[3] 王文. 利用大数据技术探索“数字公民”创新[N]. 人民邮电，2017-03- 10(6).

宝信用身份等。当数字公民身份出现时，公民个人的身份孤岛将被打通，就如苹果手机终端推出的健康软件可以与机主的微信、QQ、支付宝等软件通配共享数据一样，能实现公民个人的多维度身份关联。

通过数字公民身份数据库，将各软件中关乎个人信用、品格、爱好、能力、特长等相关的数据采集汇总，形成一个多元的身份数据库。它从多个维度采集全面描述和呈现公民的生理、心理、社会等多方面的信息，克服了传统身份的单一性和不可交叉复现性，为公民适应新时代智慧社会、数字中国做好了准备。

2. 工具依附性

数字公民是互联网、物联网、大数据、云计算、人工智能等技术发展的产物，具有极强的工具依附性。数字公民的工具依附性是指数字公民的身份不是独立存在的，而是以身份数字化为前提、以网络化为路径、以大数据和人工智能为身份载体的公民智能身份，是基于技术支撑的客观身份以公民个人为关系中心的关系网络。如果将工具与身份剥离，数字公民将成为空谈。最理想的公民身份载体形式是通过智能手机安装数字公民身份系统软件，这时以工具为支撑的数字身份特性就立刻凸显了。

总体而言，数字公民具有工具依附性，数字公民与工具是共生的命运共同体，不可单独而论。数字公民的工具依附性特征为其提供了非常便利的条件，不仅办事效率得以提高，而且给数字公民带来了良好的生活体验。

3. 人证合一性

数字公民的人证合一性是指公民身份与数字公民的共生性（人在证在），多维验证才能读取数字公民身份的前提决定了数字公民的人证合一性的特征。对数字公民身份的管理和运用要求，除政府部门和数字公民个人之外，第三方无权私自访问数字公民身份数据库。

— 第二节 —
数字公民建设的功能

一、智慧社会建设的基石

党的十九大报告首次站在国家层面，将建设网络强国、数字中国、智慧社会作为国家未来发展的战略目标，同时从系统的视角统筹全局，与时代背景相结合，深刻总结时代发展经验，从加强基础应用研究、重大科技项目孵化及培育、关键技术突破及引领三个方面为其建设提供强有力的支撑。可见，当前我国的智慧社会建设不仅铺开了宏伟蓝图，更有实际可行的路径指引；清晰的智慧社会“基本形态+战略指引”，从根本上回答了我国智慧社会的未来是什么及怎么做才能建成智慧社会的基本问题。

然而，智慧社会建设的最终目标是什么？智慧社会建设的最基础的工作又是什么？这两个问题是当前建设智慧社会必须首先回答的问题。对于前者的哲学解答可以解耦智慧社会宏伟蓝图，将其变为无数个小的目标各个击破；对于后者的科学反思则找到了建设智慧社会这座未来大厦的基石。总体而言，前者是智慧社会建设的落脚点，后者是智慧社会建设的出发点。

马克思主义哲学认为，人是实践和认识的主体，是一切社会关系的总和。因此，不能用孤立或片面的观点去解读个人与社会融合的向心力。在当代，国家及社会中的人有一个更独特的身份——数字公民。如此一来，智慧社会的基石似乎已经水落石出，智慧社会的建设必然对它的公民提出了更高的要求，无论是能力、技术还是素质方面。

值得注意的是，上文中所提及的数字公民的概念及特征，恰好与智慧社会建设对公民提出的新要求相吻合。因此，智慧社会建设的基石是数字公民建设，智慧社会建设的出发点和落脚点是不断满足数字公民对美好生活向往的多样化需求。当下对于数字公民的建设工作迫在眉睫，数字公民的身份认证、数字公民的素质教育、数字公民的法律调适、数字公民的管理与服务等相关工作，需要政府、社会、企业及公民个人等多方主客体协同努力，共同把数字公民建设工作做好，为我国智慧社会的建设打牢基础。

二、公共服务和社会治理困境的突破口

数字公民建设是公共服务和社会治理困境的突破口。过去我国的政府公共服务质量较低，社会治理效率不高，最终导致公共服务和社会治理的对象不满意。

在这一社会背景下，对于困境的突破备受社会各界关注，无论是国家、社会、企业还是个人，都希望找到一条可行性路径来化解难题。2017 年两会期间，全国政协委员、新大陆科技集团总裁王晶在接受《中国电子报》记者采访时表示："如果说有一个支点，就能撬动整个地球，那么在大数据时代，'数字公民'就是那个能撬动公共服务和社会治理困境的支点。"在不改变现有政府条块化纵向治理体系的基础上，进行公共服务和社会治理体系软重构[1]，从而厘清新时代智慧社会背景下的政府公共服务和社会治理新思路，充分发挥数字公民建设在公共服务和社会治理中的优势，从公共服务和社会治理的痛点、难点出发，解构原有的服务体系，重构符合新时代智慧社会背景及特征的公共服务和社会治理体系。在数字公民建设的时代背景下，充分将数字公民建设与公共服务创新、社会治理价值创新、

[1] 闵杰. "数字公民"是撬动公共服务的支点[N]. 中国电子报，2017-03- 14(3).

社会治理理念创新、社会治理手段创新相融合，最终实现公共服务和社会治理效率普遍提高、质量安全可靠、百姓非常满意三个目标，从而为社会发展营造良好的氛围。

三、改善民生的重点工程

数字公民建设是改善民生的重点工程，是化解当前我国社会主要矛盾的重中之重。人民群众对美好生活的向往从来没有改变过，在发展不平衡不充分的时代背景下，如何帮助人民群众过上美好生活成为人们普遍关注的话题。

实际上，数字公民建设正是实现人民美好生活的核心驱动力。在数字公民的建设过程中，应充分运用大数据感知公民的痛点、难点、热点、焦点，从而主动提供个性化服务，提升公民内心深处的获得感和幸福感。在服务过程中，还可及时感知公民满意度并发现不足[1]，进而全面改善公民对生活的体验。

在数字公民建设中，每位公民的需求都将得到精准化评估和个性化供给。当数字公民全面建成之时，便是民生工程完胜的重要历史时刻，无论是公民的个人发展空间，还是外围生存环境都将得到极大改善，数字公民的旅游、就业、教育、医疗、社会保障等各方面的需求及个性化服务都将实现精准化、便捷化、高效化、个性化，其获得感、幸福感、活力感、荣誉感、满意感“五感”将得到不断满足，并且对这“五感”的积极感受体验度将得到不断提升。

四、网络空间治理的能手

数字公民建设是网络空间治理最行之有效的方法，对网络空间治理具有至关重要的意义。网络空间是现实社会在虚拟空间中的投射和反映，如

[1] 闵杰. “数字公民”是撬动公共服务的支点[N]. 中国电子报，2017-03- 14(3).

今已对人们的生产、生活产生了重大影响。网络社会最大的特性是匿名性，网络社会中的行为基本不受现实社会中地位、身份及相应的社会规范和角色期待的制约[1]，其最大的缺点是网民的行为很难被除自己之外的另外一方辨别出来。基于此，有些人将所有的不良情绪及行为都发泄到网络空间中，直接导致网络空间治理成为一大难题。

然而，随着大数据与人工智能的发展，以及数字公民的出现及数字公民身份认证技术机制的健全与完善，上述的困境将被突破。网络空间治理将从治理难题阶段过渡到网民自律共同治理和维护网络空间环境和谐的阶段。专门从事网络空间治理的政府及企业职能部门将发生深刻的变革。当网络空间出现某种不合时宜的现象时，就可以准确、及时地定位问题发生的源头，实现从面的粗放型治理向点的精准型治理转化，网民异常行为举动将被实时监测，并及时通过合理、合法的惩戒方式对其行为进行规约。

数字公民建设之所以会成为网络空间治理的能手，原因在于以数字公民为主体构成的网络社会、网络社区、网络空间，从“上帝视角”实现了对公民的监督和管理，其不合理与不合法的行为将受到限制，从而形成了一个巨大的“圆形监狱”，唤醒了当代“网民”的所有良知。

五、为公民提供“走遍天下”的通行证

数字公民身份是数字化社会中人们“走遍天下”的通行证。通过数字公民身份认证的公民，最大的便捷就是能证明你是你，而不是别人。一个广域的网络空间社区为人们自由活动的空间赋予了数字公民更为自由的权利。由于网络全球化趋势已经成为现实，数字地球的建设具备了客观条件，“地球村”成为人类共同生存的村落，为人与人之间基于信任的交流互动提供了生根的土壤，蓝天白云之下便是公民自由生存的空间。

过去，基于居民身份证与户口簿的居民身份认证，受到其存储信息有

[1] 童星，罗军. 网络社会：一种新的、现实的社会存在方式[J]. 江苏社会科学，2001(5):116-120.

限性的影响，很大程度上限制了身份认证的空间自由，人们被束缚在某一个具体的活动空间，超出这个区域就无法证明你是你。

然而，处于大数据与人工智能时代的今天则不同，基于数字技术的数字公民多元身份认证机制的建立，不仅可以证明你是你，更值得注意的是，其实已经不需要证明你是你，当你出现在公众面前时，对于你是谁的这个问题在别人心中已有定论。结果就是，数字公民时代，“小圈子社会”变成“大圈子社会”，人们活动的范围不再受到时间、空间及身份的限制，基于共识机制，“走遍天下”成为现实。

基于数字公民身份认证机制的健全，数字公民个人无论是在自己的局域空间生活，还是在更广阔的社会环境中生活，其生产、生活受到身份限制的可能性将大大降低。当前的微信身份证就是最典型的尝试，不用带居民身份证，只需要出示你的微信身份证，别人就认可你的身份的真实性和有效性，这在很大程度上具备了智慧社会的便捷性特征。单就微信身份证而言，只要在智能设备没有离身的前提下，你就不用在出行前担心和纠结是否带了居民身份证这一问题，也不用再为被迫重新检查的循环操作所困扰，达到出行无忧。这是数字身份的一个实际应用场景。

更值得注意的是，当我国全面建成数字公民时，不仅仅不再需要证明你是你自己，更重要的是它将对所有数字公民的生产、生活及工作产生积极的影响。通过数字公民主体的赋权加上多元的身份认证机制，数字公民的各种证明就可以一键式完成。现在的数字政府服务转型所提出的百姓办事“少跑腿”的理念将被淘汰，实现全程数据跑路，这与贵州省提出的政府“服务到家”的理念完全吻合，最终可实现政府服务到个人的目标。

当数字公民建设工作全面完成后，通过运用国家信息共享交换平台，将全面实现跨地域、跨系统地调取人口信息；政府部门将扮演数字公民身份管理者的角色，数字公民在不同地方的办事过程中，只需要数字公民个人身份认证，并将身份信息与数字政府存储和管理的公民信息进行比对认证，从而实现数字公民在全国办事迅速且便捷的目标。

— 第三节 —
数字公民建设的推进策略

一、数字公民教育

百年大计，教育为本。数字公民建设的首要任务是做好对数字公民的教育工作，包括对数字公民的法律教育、伦理与道德教育、诚信教育、数据安全教育、技术素养教育等，从德、智、体、美、劳等各方面重构数字公民教育体系，将具备新时代特质的教育理念融入数字公民的教育体系中。

过去，当人们提到“网民”这个网络空间所使用的身份特征时，或多或少会联想到其不受网络空间约束而在网络空间畅所欲言的自由；今天，当数字公民时代到来之时，数字公民要把人们的这种联想打消，当人们提到数字公民时，首先想到的应该是“素质公民”。

因此，数字公民的教育目的是培养适应物理世界与虚拟世界发展需求的新一代合格的数字公民。美国国际教育技术协会（ISTE）指出：所谓合格的数字公民，是指“能够践行安全地、合法地、符合道德规范地使用数字化信息和工具”的人[1]。通过对数字公民的教育投入，除了培养合格的

[1] 杨浩，徐娟，郑旭东. 信息时代的数字公民教育[J]. 中国电化教育，2016(1):9-16.

数字公民，其最终目标是构建从“数字公民+数字公民教育”推导出“数字公民≌素质公民”的宏伟蓝图。

当然，在推进数字公民教育的过程中，也存在一些现实阻碍因素，如教育基础设施不完善、教育人才队伍缺乏、教育评估机制尚未建立等。但是，我们深知数字公民教育不能只是某个群体的个别倡导，而应该是整个社会的共同参与，共同为未来的素质公民教育贡献个人的力量。在智慧社会、数字社会到来之前，我们应该从以下几方面着手考虑数字公民的教育工作。

在个人层面，数字公民教育需要从我做起，积极学习数字公民知识，树立正确的数字公民世界观、价值观、人生观；在家庭层面，家庭是社会的细胞，是人生的第一所学校，扮演着数字公民教育的启蒙角色，争做数字（素质）家庭，对于当代我国数字公民教育具有重要意义。父母做榜样，孩子耳濡目染也必会自觉成为数字公民的典范，成为数字世界的合格公民；在学校层面，学校是教育资源汇聚之地，是对家庭数字教育的补充和延续，不仅需要弥补家庭数字教育的不足，还要构建良好的学校“素质”氛围，对学生的上网文明用语、网络权利意识、网络义务意识、网络资源共享意识、网络资源整合能力、网络与现实衔接能力等方方面面都要进行教育；在社会层面，数字公民的个人教育、家庭教育、学校教育最终都要回归到数字公民的社会教育上来，因为社会是检验数字公民的现场，所有的数字公民行为都将在这里受到相应的奖励或惩罚。因此，需要国家从战略层面规划数字公民的社会教育，从不同的维度构建适宜的教育氛围，为智慧社会、数字社会的良性运行提供根本性保障。

1. 数字公民的法律教育

数字公民的法律教育即凭借教育手段授人以权利意识、责任意识、义务意识的过程。数字公民作为网络空间与现实社会的共同存在者，在双重背景下扮演好素质公民的角色，是数字公民不容推卸的责任，更是网络空间治理的基本要求。在如今的大数据与人工智能时代，数据化的一切都在不断地朝着规律性的方向发展，但是法律始终滞后于技术的发展。对于数字公民的法律教育，亟须通过普及数字公民的法律教育来弥补数字公民活动时规范性约束的不足。

数字公民的法律教育本着育人的宗旨，目标是培养守法、懂法、用法的数字公民，在必要的时刻懂得克制自身行为；同时，学会运用法律资源，在适当的时刻用法律武器维护法律的权威，为网络空间的公平与正义贡献力量。

数字公民的法律教育是网络文明社会治理的必然要求。随着社会的不断发展与文明的不断进步，法律在文明社会中所扮演的角色越来越不可或缺。新一代信息技术和人工智能技术的便捷性、高效性、可视化、数据化为数字公民教育提供了新的工具。新媒体覆盖面广、传播范围大，为数字公民教育提供了强有力的手段。要在学校、社区、家庭和国家层面对数字公民开展法律教育。在学校开设数字公民法律知识课堂，在社区开展法律知识普及活动，在家庭嵌入数字公民法律教育的家庭课堂，在国家层面以法律的手段倒逼数字公民法律教育事业的发展。

2. 数字公民的伦理与道德教育

“数字”是一种“技术”，具有天然的功利性，其发展往往能给社会及人类带来“实际”的效益，它更多的是对“是什么” 的客观描述，缺乏对“应当是什么”的内涵的界定和深入[1]。正是认识到了数字社会的局限性所带来的消极影响，数字公民的伦理与道德教育对数字公民在数字社会中“应当是什么”的问题给出了答案。

显然，在任何一个社会中，缺少必要的道德准则和行为规范就无法引导人们走上正确的道路，数字社会也不例外。但是，随着数字社会的发展，

[1] 熊立荣，郭慧英. 公安数字伦理教育论纲[J]. 湖南警察学院学报，2016，28(5):102-108.

数字公民的道德意识觉醒必定会对非道德意志形成排斥，从而引导数字公民走上伦理道德的理性之路。当前，对数字公民道德意识觉醒的要求越来越高，作为数字社会的主体，数字公民是技术与工具的发明者和创造者，应当从本质上习得适宜的道德情操和符合规范的行为准则。数字公民的伦理与道德教育正是实现这一目标的辅助手段，其实质是期望探寻数字社会中数字公民“应当是什么”。

值得注意的是，数字公民的伦理与道德教育与数字公民的法律教育是不同的。数字公民的伦理与道德教育讲究的是内在的品质和与之相关的行为的适宜性，法律则是对已经成为事实的行为的奖励、规约和惩罚。就本质而言，数字公民的伦理与道德教育是数字公民品格的形成过程，是数字公民世界观、人生观、价值观的塑造过程，是内在本质的养成过程，因此需要留意伦理与道德教育的出发点和落脚点。数字公民的伦理与道德教育所期待的不是对数字公民失足行为的惩罚，而是对数字公民美德的颂扬和褒奖；但同时它又对失足者给予最严酷的惩罚，如此才能得到社会的广泛认同和普遍接受。所以，数字社会对数字公民的伦理与道德教育意义重大，对于其教育方式与内容的选择都须慎重考虑。尤其是在数字公民的伦理与道德教育过程中，针对实然与应然的回答是必不可少的。如何溶解工具理性与价值理性的外部冲突是当前数字公民教育最为突出的矛盾。如果从数字公民的伦理与道德教育中收获了公民个人发自内心的认知，并从认知中学会自我约束，形成自我的道德意志并指导自身的认知与行为，那么，数字公民的伦理与道德教育的所有努力与尝试都得到了应有的价值回报。

3. 数字公民的诚信教育

数字公民的诚信教育是指秉持诚信教育的理念与行为准则，专门对数字公民在虚拟世界中的行为进行的约束，是数字公民在虚拟社会中养成诚实守信的良好品质的过程。“自古皆有死，民无信不立”，作为智慧社会中的一员，数字公民以诚信立于社会是大数据与人工智能时代对公民提出的最基本的要求。

就其本质而言，数字公民的诚信教育是对网络社会的相关法律与规范的补充。众所周知，在网络世界里，主体虽然隐于网络之中，但其所有的行为与言语都来自现实世界，虽环境不同，但主体一样，现实世界中可普及的规范可推至网络世界中[1]。这决定了数字公民的诚信教育具有双重教育性质：一是数字公民的诚信教育是对网络社会行为主体的行为规约；二是数字公民的诚信教育是对现实社会中行为主体的行为规约。两者互为补充，它们教育的主体对象相同，需要追求的品质与教育的目标一致，都是对社会主体诚信的推崇。所以，数字公民的诚信教育不可与现实脱节，应与现实紧密相连。

数字公民的诚信教育是一个长期的系统工程，需要从多方面开展诚信品质的培养工作：首先，构建数字公民诚信基础知识，包括数字公民诚信的理论、数字公民诚信的本质、数字公民诚信的特征、数字公民诚信的理论价值与现实价值、数字公民诚信的重要性等；其次，优化诚信教育的环境，要不断加强对数字公民诚信的监督和管理，不断完善数字公民诚信立法；再次，要加大国家人力、物力、财力的投入，建立一支强有力的数字公民诚信教育专业化人才队伍，用专业素养带动数字公民诚信素养的积极转变；最后，要回归数字公民本身，因为数字公民作为数字公民教育的主体，其对于自身良好品格的养成负有不容推卸的责任。对于数字公民网络空间诚信行为习惯的养成，要进行积极的自我教育，不断自我反省和自我总结，要始终铭记数字公民应该坚持的行为准则。

4. 数字公民的安全教育

在大数据与人工智能时代，机遇与挑战并存。为了克服大数据与人工智能时代的弊端，有效避免劣势文化对主流文化的冲击，积极在我国高等院校、政府、企事业单位、社区和家庭开展数字公民安全教育是一个行之有效的策略。

---

[1] 杨盛军. 论网络诚信视阈下的青少年网德教育[J]. 少年儿童研究（理论版），2009(16):9-11.

正所谓“无知者无畏”，当下发生在公民身边的安全事故大多可归因于公民的理性判断能力与认识能力不足，感性判断支配了公民的行为，所以才给不法分子以可乘之机。因此，数字公民安全教育的目的是让公民清晰地认识和辨别生活中的现象与本质，从而可以理性辨别对自己和他人有害的信息，在提高自己的防护心理的同时扮演安全教育主角的角色，从而做数字公民安全教育的倡导者和支持者。

据中国互联网络发展状况统计报告数据显示[1]，我国网民在 2017 年遭遇安全事件的比例显著下降，个人信息泄露、遭遇网上诈骗、设备中毒、账号或密码被盗等安全事件较 2016 年明显减少，各种安全事件的发生比例都有不同程度的降低，特别是没有遇到上述安全事件的网民比例比 2016 年提升 17.9 个百分点（见图 6-2）。但是，在安全事件逐渐减少的同时，依然值得注意的是，2017 年公民遭遇安全事件的比例仍然非常高，并且安全事件所造成的危害是不容忽视的，对于安全事件我们应该采取零容忍的态度。

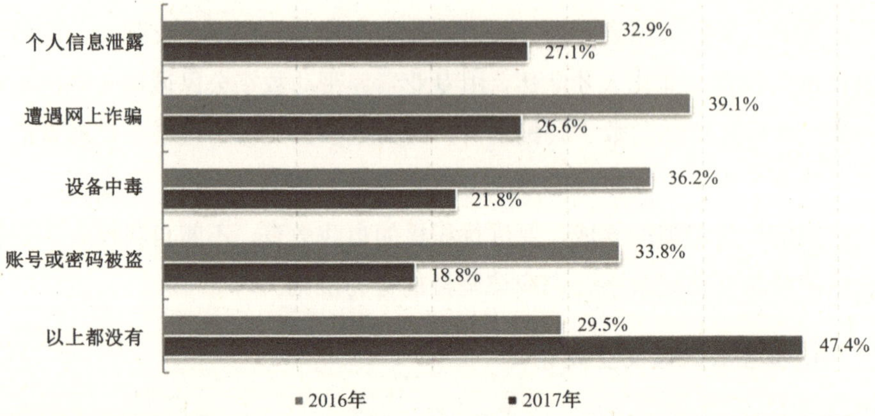

资料来源：中国互联网络信息中心，中国互联网络发展状况统计报告，2017.12。

图 6-2 网民遭遇安全事件类别

我国的数字公民安全教育，一方面，需要对数字公民进行个人信息安

[1] 中国互联网络发展状况统计报告[EB/OL]. http://www.cac.gov.cn/ 2018-01/31/c_1122347026.htm.

全教育，从认知到行为，从感性到理性，让我国的数字公民从更加全面的视角重新定位自己，特别是对个人信息泄露、网上诈骗、设备中毒、账号或密码被盗等安全隐患，公民个人应该学会辨别，必要时拿起法律武器维护自身的正当权益；另一方面，数字公民的教育需要从公民个人之外的大环境，包括其生活的家庭、社区和社会入手。因为数字公民的安全教育，绝不仅仅是公民个人的努力就可以实现的，我国网络社会的安全需要以政策制度、基础设施、教育资源等多方面的持续投入、跟进和完善为前提。

5. 数字公民的技术素养教育

数字公民的技术素养指数字公民所具有的能被社会普遍认可的技术能力，是数字公民本身在内化与掌握技术知识前提下，从实践中悟出的技术创新运用，是理论与实践的有机结合，是数字公民在理解的基础上不断实践的能力。无论是在智慧社会还是在数字社会，作为社会主体的数字公民需要管理好、维护好、经营好个人的身份信息。但是，与以往不同的是，数字公民所在的社会对数字公民提出了更高的生存要求，其内容和表现形式都离不开技术素养的支撑。数字公民作为智慧社会的最小构成单元，只要每个公民都认真掌握大数据与人工智能时代的特征，厘清属于这个时代先进性和威胁性的社会构成要素，对数字公民而言就是最好的奖励，势必有助于公民个人的进步与发展。

在大数据与人工智能时代，对数字公民进行技术素养教育的目的是培养合格的数字公民，以期公民个人和社会都能从技术素养的投入中获得回报。数字公民的技术素养教育要从以下几个方面考虑：其一，数字公民的技术素养养成并非一日之功，亟须国家加强这方面的顶层设计与规划，以规避其发展的弊病，促进数字公民技术素养教育发展可管、可控、可操作；其二，数字公民的技术素养养成需要内在价值与现实价值的二维并举，同时还需要与社会发展的客观规律相契合，不可背道而驰；其三，数字公民的技术素养构成要素包括技术理论、技术工艺与技术成果三个方面的内容，其微观的构成可拆分为知识、经验、技能等，在数字公民技术素养教育过程中，要讲求理论与实务的有机结合，在把数字公民实际生存所需的技术能力赋予数字公民的同时，还要考虑社会道德与社会伦理的教育，从社会的价值追求、社会道德与社会伦理等方面入手，将虚拟空间与现实社会的活动主体真正培养成兼具良好道德情操与普适社会发展的合格公民。

二、数字公民身份认证

在人类社会发展历程中，身份认证的发展大体上经历了四个阶段。

第一阶段是印象匹配阶段。其内涵是指客观印象在人脑中重复出现的一种现象。人类从诞生之日起，就在一定程度上具备了识别他人身份的能力，通过对他人外部特征与行为模式的分析，再借助大脑已有的印象模型进行相应数据配对，然后确认对方身份，这是最早的身份识别机制。

第二阶段是社会身份属性阶段。这一阶段的特征主要是其社会属性，期间人们的身份识别机制是在第一阶段的基础上衍生出来的新的识别机制。由于工具的不断迭代更新，生产力水平逐渐提高，人们意识到借助群体的力量更能适应复杂的生存环境，个人开始归属到某一族群中。族群中的每一位成员都有其个性的身份，同时还被这个群体赋予排斥其他群体的身份属性。

第三阶段是符号身份初级阶段，也称文字记载身份阶段。在这一阶段，身份内容已非常丰富，通过前两个阶段对身份信息的整合与记载，出现了可考证的身份信息，社会上不同群体的聚合，形成了相互尊重的共识机制。

第四阶段是数字身份阶段。在我国身份认证发展过程中，第三阶段结束于 2004 年 1 月 1 日，第二代居民身份证的出现标志着我国的身份认证开始迈入数字身份阶段，这也是数字公民身份的雏形。

数字公民身份认证阶段，也是个人身份信息高度整合的阶段，目前尚处在其发展的初级阶段。数字公民身份认证阶段信息的丰富程度高，但其信息整合与共享能力受技术壁垒及各方面利益的限制。然而，由于数字公民身份认证技术的不断发展，2017 年 12 月 25 日，公民电子证照身份识别业务得以落地，在广东省广州市南沙区试行的全国首例“微信身份证”注册登记成功，数字公民身份认证有了新气象（见图 6-3、图 6-4）。

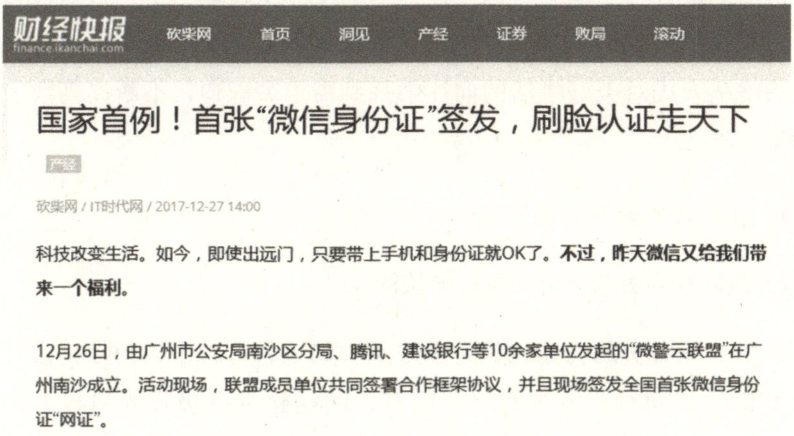
财经快报 finance.ikanchai.com 砍柴网 首页 洞见 产经 证券 败局 滚动

国家首例！首张“微信身份证”签发，刷脸认证走天下

产经

砍柴网 / IT时代网 / 2017-12-27 14:00

科技改变生活。如今，即使出远门，只要带上手机和身份证就OK了。**不过，昨天微信又给我们带来一个福利。**

12月26日，由广州市公安局南沙区分局、腾讯、建设银行等10余家单位发起的“微警云联盟”在广州南沙成立。活动现场，联盟成员单位共同签署合作框架协议，并且现场签发全国首张微信身份证“网证”。

图 6-3 国家首例“微信身份证”在广州南沙区签发

图 6-4 “微信身份证”注册

公民身份认证的发展历程是社会发展的客观反映。自进入文明社会以来，人类就在不断地追求个性与自由，试图从认证的公民身份中被赋予合法权利及利益。因此，为了在大数据时代充分赋予公民合法权利及利益，以及与公民共享时代发展的成果，亟待将数字公民身份认证的过程与结果转为数字方式呈现，在公民身份的数字化集成渠道、数字化高度整合共享与共识、数字化安全与隐私保护等方面实现技术突破。通过从社会认可、身份信息安全保障、数字公民身份认证技术三个方面入手，切实构建符合当下时代发展潮流的数字公民身份认证发展模式，维护数字公民的根本利益，始终从人民对美好生活的向往中找到需求突破口，不断提高数字公民的福祉。

1. 社会认可数字公民身份

1）国际社会对数字公民身份的认同

数字公民身份的构建过程是多方发力的过程，其中，国际社会对数字公民身份的认同对于各国数字公民身份的构建具有极强的引导力和推动力。当今世界各国对构建一个可信的网络环境已达成广泛共识，而网络电子身份制度及基础设施的构建在提高资源利用率、促进创新和经济增长、提升用户便利、加强安全和隐私保护等方面具有重大优势和意义[1]。国际社会对于网络社会身份的认同目前处于积极肯定其价值的状态，对于网络社会身份的构建处于支持和倡导的状态。这对于当下我国数字公民身份的构建来说是一则有利的消息，表明我国大力倡导构建数字公民身份的国际环境中的支持性因素多于干扰性因素。同时，我国积极倡导和开展数字公民身份构建，必然会给世界上其他国家的网络空间治理提供良好的模式借鉴，对于其他国家而言，势必也是一则有利的消息。

国际社会认同数字公民身份极大地鼓励了我国持续、健康地开展数字公民身份构建工作。在数字公民身份持续发展的今天，我国未来的网络空

[1] 陈兵，邹翔，周国勇. 网络身份管理发展趋势研究[J]. 信息网络安全，2011(3):5-8.

间治理将会在稳中求进的同时谋求创新。更值得注意的是，国际社会对于我国数字公民身份构建工作的认同，是国际社会对于大数据与人工智能时代人类各民族平等自由发展关注和支持的体现，人民的福祉和人类的利益在大数据与人工智能时代背景下，真正成为全球关注的问题，成为同大数据与人工智能时代的本质特征相符合的社会治理出路。在这样的时代背景下，我们更应该昂首挺胸迈出坚定的步伐，为把我国建设成为智慧强国、网络强国、科技强国而不懈努力。

2）国家对数字公民身份的认同

国家和政府对于数字公民身份的认同是一个国家数字公民身份发展的基础。数字公民身份的社会认同并非一日之功，是众多决定性因素共同作用的结果，其中包括法律政策的完善、社会舆论的引导、司法制度的完善等诸多方面，其最终目的是要给数字公民身份的社会认同提供一个切实可行的保障环境及统一的社会认同行为规范。国家对于数字公民身份的认同，意味着从国家层面开始着手数字公民身份认证的顶层规划设计，这对于发挥我国数字公民身份构建工作的支撑作用起到了决定性的作用。所以，数字公民身份的社会认可，亟须国家政策的出台和研究机构的规划设计，数字公民个人的道德标准和行为规划，以及国家资源与社会资源的投入等都需要一个切实可行的标准作为指引。

国家对数字公民身份的认同是企事业单位对数字公民身份认同及公民个人全力支持身份构建的行动指南。一方面，国家对数字公民身份的认同是由我国当下的主要矛盾决定的，最懂得人民美好生活向往的目标群体是人民，要回归到人民的美好生活诉求就需要人民发声，这正是数字公民身份构建的拿手工作。另一方面，国家构建数字公民身份最终的目标是要实现社会对数字公民身份的普遍认同，其中不乏企事业单位对公民身份的认同，这是数字公民身份构建后落到实处的基础，也是数字公民个人全力配合数字公民身份构建工作的垫脚石。外围环境支持、公民个人信任，数字公民身份构建工作的开展效率势必会大大提高。

3）企事业单位对数字公民身份的认同

企事业单位对数字公民身份的认同是数字公民身份社会认同的重中之重。数字公民身份的构建与社会认同工作，其目的是希冀将数字公民身份运用到社会实践中，在数字公民理念创新的同时，不断将数字公民身份的宏伟蓝图与实际相结合，从而既体现数字公民的时代性特征，又突出数字公民的实用性功能。因此，企事业单位对数字公民身份的认同具有非常特殊的意义。其一，企事业单位与数字公民的工作、生活和学习紧密联系；其二，企事业单位为数字公民的社会参与提供了便捷的渠道；其三，企事业单位对于数字公民身份的认同，其实是对数字社会的认同，是对公民个人的诚信、价值等各方面的认同。所以，企事业单位对数字公民的身份认同，对于公民而言是便利，对于企事业单位来说是服务，对于社会而言是福利。

企事业单位对数字公民身份的认同具有双重属性，一种身份是数字公民原有的身份，另一种身份是网络空间的虚拟身份。具体包括以下几方面：一是对数字公民身份中的基本公民个人信息的认同，如身份证号、户籍信息、年龄、性别、出生年月、签发机关等；二是对数字公民智能移动客户端的数字身份认同，如网络消费数据、运动与健康数据、休闲娱乐数据、阅读数据等；三是对数字公民参与社会的身份信息的认同，如文化水平、资格证书、职业技能、动产与不动产信息、人际关系网络信息等。因此，企事业单位对数字公民身份的认同，是对公民的身份系统中各元素的尊重和接纳，体现的是社会和组织群体对公民权利和价值的认同，对公民的成长与发展具有重要意义。

2. 数字公民身份信息安全保障措施

数字公民身份信息安全保障措施是指数字公民在参与社会活动时针对安全风险所采取的一系列防范手段。要保障数字公民身份信息安全，应从以下方面着手。

首先，培养数字公民自身信息安全素养，数字公民不仅需要具备信息安全知识，更需要了解信息安全技能和手段。数字公民身份信息之所以存在安全风险，本质上是其背后的利益链条驱动的，数字公民个人的身份信息价值是微小的，大数据时代讲究的是数据的整合分析和流动，从数据低密度价值的缝隙中挖掘其价值，在这个过程中，通常以商业价值为主导，因此利益与利益之间的冲突可见一斑。

其次，培养数字公民身份信息管理者与整合者的安全素养。数字公民身份信息的安全隐患一方面来源于数字公民个人方面的安全漏洞，另一方面来源于数字公民身份信息的管理与整合单位的安全漏洞和技术缺陷。在管理与整合单位层面出现的安全隐患对于公民而言，其影响是非常消极的，更有甚者，会导致公民对管理者和管理单位的极度不信任。因此，对数字公民身份信息的管理者而言，必须坚决抵制非法的公民数据交易；管理者必须具备优良的道德品质和高超的从业技能品质；管理者必须心中时刻牵挂数字公民群体的身份信息安全问题。

再次，需要积极倡导和发展网络空间治理工作。不断地从数字公民建设研究过程中总结经验，反思安全风险及与之相关的利益市场，从源头上消除安全隐患，而不是在每次安全事故后才紧急做出相关的改进。当然，还需要对国内外的信息安全技术和理论做总结性、概括性的研究，创新出适合当下信息安全动态管理工作的理论体系与工作手法。数字公民身份信息安全保障措施并非一日之功，“道高一尺，魔高一丈”正是其中的道理。随着信息社会的不断发展，技术在不断发挥其价值与功能的同时，安全缺陷始终伴随其中，如何规避技术的弊端是所有技术人员应该着重思考的问题。

最后，通过法律与制度来维护数字公民的合法权益。法律与制度是数字公民身份信息安全保障根本性的、最行之有效的办法。网络空间具有虚拟性、匿名性、随意性和自由性的特点，从而给予网民无限的自由发挥空间，还不用承担因道德伦理失范引起的责任，导致网络空间存在“脏、乱、差”的现象，这也正是当前网络空间治理成为社会研究热点的原因。从法律与制度规约的层面来讲，需要从网络空间中网民活动的特点入手，在明确责任的同时，将承担责任的奖励与惩罚制度落到实处。一方面，对于网络空间的虚拟性和匿名性的特点，需要出台相关的网络实名认证办法；另一方面，需要对网络空间中的行为主体进行行为规范，对其中不遵守契约者给予惩罚，以维护网络空间的良好运行和数字公民的合法权益。

3. 数字公民身份认证技术的发展与创新

首先，技术理念的创新。数字公民身份认证技术归根结底是工具的运用，对技术理念的创新是工具创新的前提，其中蕴藏着数字公民的实际应用价值。所以，对数字公民身份认证技术的创新，首先是对其工具与价值冲突的平衡，需要充分发挥工具理性与价值理性的功能，不断促进数字公民身份认证技术和谐可持续发展。技术理念的创新，不是凭空产生的，而是对传统的数字身份认证技术的总结和归纳，是对其缺陷的突破，是结合国内外相关研究视角推演出的新型数字公民身份认证技术理念。这对于数字公民身份认证技术的理念创新是非常必要的，对数字公民运用场景的安全性、实用性具有非常重大的现实指导意义。

其次，全社会共同参与。数字公民身份构建还处于初期阶段，发展经验和技术也处于初级阶段，其数据管理技术、数据整合技术、身份认证技术都有待开发。同时，数字公民建设是一个长期的过程，全社会共同参与的目的就是要加快推进数字公民身份构建的步伐。数字公民个人、家庭、学校、社区、社会组织、企事业单位和国家都需要携手努力促其发展。数字公民身份构建的受益者是全体社会成员，通过对其基础设施的构建、实际运用项目的招商引资、数字公民素质教育的投入，最终实现公民办事简便、生活便捷、工作便利的良好社会环境，使人民群众对美好生活的追求唾手可得，实现人民美好生活的追求与社会发展同步。

最后，认证模型构建。数字公民身份认证模型的构建，是基于数字公民身份数据库构建的逻辑语音网络和知识认证体系，是身份数据与身份数据之间、身份数据与其他数据之间、身份数据与组织数据之间的知识的关联应用。因此，对身份数据库的数据整合是基础性的工作，对身份数据之间的关联应用是身份认证模型的关键和核心。目前，希望建成的数字公民身份认证模型能够优化认证手续，提高识别效率，在充分考虑公民利益最大化的基础上，创新运用当下已有的身份认证技术。当前已有的身份认证技术包括指纹识别、语音识别、虹膜识别、静脉识别、键盘识别、掌纹识别、人脸识别、耳形识别、DNA 识别及行为特征识别，如通过书法笔迹、运动特征等进行身份认证，另外还有 RFID（标签）射频识别、芯片识别等，这些身份识别技术都是单个的、独立的识别技术，存在较大的风险。如果我们将两种或两种以上的认证技术交叉互证共同的身份主体，其安全性将会大大提升，交叉互证的参与维度越多，数字公民身份的认证越具有权威性和安全性。采用身份多维认证的方式来保证数字公民身份的真实性和安全性（确保不被他人冒用）的认证模型，是基于数字公民多重身份与人证合一特性的创新运用。

三、数字公民身份生态管理

无论愿意与否，个人的数字身份已经被集成。现有的可机读的居民身份证上的身份数据只是个人身份微观的构成部分。当单方面的个人数字身份被整合时，数字公民完整的公民画像将被呈现，个人的能力、素质、爱好等一切与身份相关的信息都将成为数字公民数字身份的构成要素。与其承担个人身份隐私被不法分子非法整合运用的风险，还不如主动出击，通过对数字公民身份进行统一的个人身份整合画像，统一管理数字公民个人身份信息，主动迎接机遇与挑战，这将对我国的政治文明、经济发展、文化繁荣等产生巨大的积极意义。

1. 数据集成

可以通过编制一份公民身份数据信息目录表实现数字公民身份数据

的集成，按照统一的标准收集相关数据，其中的数据元可以包括行为数据、文化水平、消费信息、思想观念、社交网络、家人信息等。其目的是便于数字公民的后期融合建设，在大数据与人工智能时代，国家与国家之间、公民与公民之间、公民与组织之间的界限已经渐渐模糊，这源于全球一体化，全球的地理区域界限逐渐模糊，不同种族、不同宗教信仰者成了一家人，大家的合作与交流越来越频繁。因此，为了顺应这一时代趋势，数字公民建设在前期的数字身份构建及准备阶段就需要全身心投入，对其标准规范、逻辑结构、数据布局等都要酌情考虑。

2. 数据管理

对数字公民的身份数据管理，要安全先行。

首先，需要设立数字公民身份管理安全制度。通过合理手段固化安全管理流程，明确身份数据安全管理部门、人员及其职责。加强对设计、建设及运营人员的安全保密管理，建立完善的涉密人员管理体制机制，涉密人员要严格遵守国家保密法律、法规和各部门安全保密的相关规章制度，履行保密义务，并按要求签署保密协议。定期开展专项安全检查，检查安全措施落实情况及安全整改是否到位，定期开展信息安全专项审计。

其次，健全信息安全策略。基于统一的数字公民身份认证系统和安全监控系统，对各类数字公民身份数据实行访问权限的分级、分类管理。加强数字公民的身份数据在关联应用中的安全保障，强化数字公民身份数据隐私保护机制。要明确数字身份管理者的法律责任，在确保数字公民个人身份数据安全的同时，须界定数字公民身份数据采集应用的范围和方式，推动网络空间数字公民身份保护立法工作，加强身份数据隐私保护，保障关联运用过程中身份数据的安全性。

再次，加强技术研发工作。基于数字公民本身的工具依附性，对数字公民身份数据采取安全保障措施，须加强技术研发工作，在采用传统信息数据安全技术的同时，也需要创新安全管理思路，通过技术研发工作不断推进和完善虚拟环境下信息安全防护和管理体制机制，对数字公民的各业务应用系统，根据自身安全等级选择满足自身业务需求的安全措施，切实提高数字公民身份管理的安全性和可靠性。

最后，构建数字公民身份数据的质量监控系统。数字公民身份数据的质量管理，需要按照数字公民前期规划统筹的设计思路，从统一的视角对身份数据的质量进行监测预警。当前数字公民身份数据的质量管理，可以运用数字公民身份区块链管理系统和数字公民身份主数据管理系统（IMDMS）等管理方式，对数字公民身份数据的内容、数据格式、数据真实性、数据目录、数据生命周期等进行质量评估与监控。

四、数字公民服务链

数字公民服务链是指数字公民身份数据质量与安全，数字公民与数字公民之间、数字公民与社会之间的关联应用的产业化发展过程。数字公民服务主要依靠政府部门后台管辖的数字身份认证系统，若成立专门的数字身份管理部门，基于个人身份管理与服务的数字身份管理运营就系统化、产业化了。由于实际运用请求时，需要通过数字公民的授权才能进行数据成像、数据整合、数据共享和数据运用，因此微信身份证只是数字公民身份实际运用的一个场景，除此之外的研究场景还待具体化和开发。在数字公民建设思路层面，一个数字身份平台，三个数字身份管理主角，无数个实际运用场景，其效益普及社会的方方面面；在管理层面，国家开展针对网络空间治理的工作将得到网民的积极参与互动，政府部门办事窗口将从办事大厅向网上转移；在服务层面，网上办事实现“零跑腿”快速办成，服务的效率和质量普遍提高。

五、数字公民法律政策调适

首先，立法确保数字公民权利。智慧社会视域下的数字公民建设是多维度共同作用的结果，但数字公民权利的立法确权，才是保障数字公民身份得以合理构建与运行的先决条件。在立法中确保数字公民拥有除宪法规定的公民基本权利之外，数字公民还应被充分赋予隐私权、自由表达权、数据遗忘权、知情权、网络环境友好权等网络社会的数字公民权利，为数字公民的身份数据主权提供保障，化解公民身份数据的所有权与使用权的冲突，这样才能保证数字公民的网络参与具备舒适的体验和安全感。

其次，健全体制监督数字公民的主体与客体。数字公民的主体是数字公民本身，数字公民的客体是数字公民身份数据的管理者与集成者。健全体制监督数字公民的主体与客体是指采取法律和政策手段监督、监查数字公民本身及数字公民身份的管理者、集成者按照网络社会的行为规范和约束条件合理、合法地尊重数字公民身份的基本权利的过程。对主体而言，数字公民有权以个人身份主权为由不向他人提供身份信息，但如果提供则必须履行保证所提供的数字公民身份数据真实性的义务，否则将会根据数字公民的个人信用征信系统评分标准对其进行社会信用调查，并按所得结果确定公民参与网络空间的权限。对客体而言，作为数字公民身份的管理者与集成者，政府主管与网络运营商都应该兼具服务意识、职业道德规范，在发挥自身职能时，要切实从公民个人的角度出发，提高公民的安全感和幸福感，要做到在数字公民让渡身份使用权的前提下正确运行身份数据。

最后，法治配套助推数字公民建设高效运行。数字公民建设是身份数据共享开放、多方互动参与、区域协同建设的动态过程。数字公民本身所具有的身份多重性、工具依附性、人证合一性等特性，决定了数字公民建设过程中所涉及的复杂的关系网络及彼此间的矛盾冲突势必需要配套的法治体系来作为辅助手段加以化解。构建配套的数字公民法治体系，其内容要素应该包括数字公民身份的安全保护、技术保护、规范交易等方面。配套的法律与政策的出台，将对数字公民建设产生巨大的影响力和推动力，对数字公民高效运行提供了法律与政策保障。因此，在宏观层面上，数字公民建设加速实现了国家治理体系与治理能力的现代化；在中观层面上，数字公民建设促进了新农村建设、现代化社区建设；在微观层面上，数字公民建设确保了数字公民生产、生活、工作的高效与便捷。

第七章

舆情监测：大数据的应用与超越

大数据技术对舆情监测的价值体现在舆情监测的预测性、全面性、关联性、可量化等方面。大数据技术在舆情监测、舆情研判、舆情处置、舆情考核等治理环节中发挥了重要作用，但在大数据舆情管理中存在局限性。应积极促进大数据技术与人文有机结合、加强大数据舆情监测管理、推进大数据舆情管理体系建设等，从而克服大数据在舆情监测中的局限性。

近年来，大数据不断渗透到社会生活的方方面面，不仅极大地解放了生产力，而且也逐渐成为创新发展的新动力和新引擎。大数据隐含着巨大的社会、经济、科研价值，已引起各行各业的高度重视[1]。在舆情治理方面，大数据技术能够对网上的信息进行“横向到边、纵向到底”的监测，能够“窥探”进入网络的“蛛丝马迹”，因而具有重要的实用价值。同时，也应该看到，目前大数据技术在舆情监测应用方面还存在一定的局限性，需要寻找解决对策，以进一步发挥其积极作用。

[1] 李国杰，程学旗. 大数据研究：未来科技及经济社会发展的重大战略领域——大数据的研究现状与科学思考[J]. 中国科学院院刊，2012(6): 647-657.

— 第一节 —

大数据舆情监测的应用价值

“魔镜魔镜，告诉我，谁是世界上最美的人?”著名童话《白雪公主》是这样收集获得“舆情”的。时至今日，舆情信息更加重要，谁能第一时间获得完整的、有效的舆情信息，谁就能获得主动权，做到快速反应、迅速处置。如今，大数据技术在舆情监测、研判、预警、应急处置和引导等方面越来越体现出“魔镜”的价值效应，成为洞察社会、分析舆情的“显微镜”“放大镜”。

一、大数据舆情监测的预测性

大数据监测的核心价值在于预测。“虽然万物皆显出自发偶然之态，但实际上远比想象中容易预测。”[1]传统的网络舆情事件是在舆情产生之后进行舆论引导的，舆情的预测几乎处于空白，传统网络舆情治理局限性突出表现在这种滞后性上。但是，大数据技术可以主动抓取、分析、重新整合收集来的数据，克服其滞后性，让舆情具有可预测性。

一是能够全面收集数据。人们或喜欢在网页论坛上撰写评论，或喜

---

[1] [美]艾伯特-拉斯洛·巴拉巴西. 爆发：大数据时代预见未来的新思维[M]. 马慧，译. 北京：中国人民大学出版社，2012: 2.

欢在微博、微信中发表自己的心灵感悟，或喜欢在 App 跟帖表达某种观点。通过文字语言处理、数据综合分析等技术，我们能够从这些数据及大量的网友态度、发表时间、活动地点、生物钟等信息中挖掘事件的萌芽信号、归纳舆论观点倾向、掌握公众态度情绪，并结合历史相似事件进行趋势预测。

二是能够重点监测。利用大数据，我们能够将重点目标的监测时间节点前移，根据工作中的经验、已建立的网络舆情演变模型，预测舆情的发生率。这种预测性，能够更加准确地把握舆情生态环境，研判舆情发展趋势，更加有效地提高舆情管理水平。

二、大数据舆情监测的全面性

大数据舆情监测价值的前提是数据的全面性。大数据“海纳百川”，能够勾勒全景式的舆情生态。传统的舆情监测，较为零散，主观性较大。虽然有些单位将重要的、零星的舆情事件进行了整理分析，但监测、收集手段较为简单，素材较少，数据不够全面，导致分析的结果不能全面反映所需舆情内容。大数据舆情监测手段在很多方面突破了传统监测的技术“瓶颈”，丰富了舆情的来源触角、内容类型，建立起全景式的监测模式。这种全景式的监测模式主要表现在以下两个方面。

一是监测渠道的全面性。数据常常自动生成于微博、微信、QQ 等日常社交网络行为，被监测的特定群体的习惯、喜好、行为及潜在心理数据经过聚合分析，能够描绘整个舆情群体、地域、时段特征。

二是监测范围的全面性。大数据技术促进舆情监测的日常化，能够在“触角内”突破传统人工监测的“软肋”，“持续性”“高集中力”“多维式”监测舆情，“理性化”“多视角”“综合性”展现话语圈层、地点定位、时间节点等信息，实现动态、全程、多角度地跟踪，并可以根据“主体需求”，细化、筛选、整理相关数据，有针对性地提出舆情治理对策，既能保证监测数据的全面性，又能保证舆情化解的针对性。

三、大数据舆情监测的关联性

大数据舆情监测的“特色”是数据的关联性。大数据“关联性”形成的认知模式，能够动态、全面、“辩证”地“认知”舆情。“大数据时代，突破了传统数据时代片面化、单一化、静态化的思维，开始立体化、全局化、动态化研究网络舆情数据，将看似无关紧要的舆情数据纳入分析计算的范围。”[1]传统的监测手段，采用“手工式”“誊写式”记录观测的内容，虽然有一定的类型分类、趋势预测，但仅仅关注静态的观点陈述，缺乏动态跟踪的有效手段。传统的监测手段停留在“文如其人”阶段，缺乏网友心理分析、精神解剖，缺乏字面意义与深层含义的关联；同时，也缺乏线上舆情与线下事件的关联，缺乏“我”与“自我”、“我”与“他人”、“此时”与“彼时”、“此地”与“彼处”的关联。舆情的监测不仅需要由因到果的推理关系，也需要多次关联“如影随形”的相关关系。大数据技术把关注的焦点指向数据间的相关关系，关注数据网络裂变式关联关系蕴含的无尽可能性。

一是关联“显性因素”与“潜在因素”。“将大数据技术作为一种认知工具，则要提高对于舆情数据之间关联度的梳理，在实现数据关系可视化的基础上，进而评估关系的生成、扩散与变化。”[2]大数据技术可以通过突发事件的舆情信息，分析网络话语关联的观点、意义，剥离出具有重要话语权的人群、区域、传播及控制模式等，从而锁定重点监测的人群、地点、事件特征，提高大数据舆情监测的抓取率和精确性。

二是关联线上空间与线下世界。在大数据时代，网络已逐渐成为现实世界的“镜像”，是人们生活世界的虚拟空间展示；大数据技术可抓取网络的数据，数据则来源于手机或计算机等屏幕后的人的手指滑动或敲击，

---

[1] 徐广军. 思维变革：重构大数据视角下的网络舆论引导工作[EB/OL]. http://yuqing.people.com.cn/n/2014/-0827/c210118-25549618.html.

[2] 邵培仁，王昀. 触碰隐匿之声：舆情认知、大数据治理及经验反思[J]. 编辑之友，2016(12):5-10.

它是人们生活世界的精神表现形式。舆情监测数据展现社会万千现象，蕴含网友喜怒哀愁及其信息播散行为。大数据关联线上线下，特别是舆情数据与生活世界。

四、大数据舆情监测的可量化

大数据舆情监测能够实现数据的可量化。大数据技术所具有的预测性、全面性、关联性等价值特征，必须建立在“能够落实”的基础上。大数据技术在监测方面的一个重要能力是能够量化一切舆情信息，做到对每一个监测数据量化。传统舆情监测，数据往往来源于报纸、电台等，文字、声音难以转化成数据，因而难以进行分类统计、分析，难以实现舆情经验总结。

在大数据时代，大数据技术量化一切，大数据技术既可以“量化”常规性质的文字，也可以量化非常规性质的图片、视频、表情包等；大数据技术既可以量化直接统计而来的资料，也可以量化资料背后的情感；大数据技术既可以量化所需的舆情信息，也可以量化、摒弃无价值的垃圾数据。

可以说，在大数据面前，所有监测的舆情，均可通过数据模型进行计算，分析舆情的态势和走向。同样，网络社会与现实社会同样可以量化。网言网语引导、线下快速处置、网上网下联动、协调共治等均可通过一定的数据模型，逐渐推测出它应该量化的结果。

— 第二节 —

从监测到考核：大数据技术在舆情治理各环节的应用

网络舆情治理环节主要包括舆情监测、舆情研判、舆情处置、舆情考核等。大数据技术在相关环节都具有重要的应用价值。

一、大数据技术在舆情监测环节的作用

舆情监测、收集是政府舆情引导工作的基础，指在对民众社会态度的收集、整理、分析、报送、利用和反馈信息的过程中，客观反映出的舆情状态及其运动情况的资讯、消息、音信、情报和信号。依托大数据技术，全国多地建立了信息数据存储平台，在一定程度上，大数据技术在舆情监测环节不仅能实现数据收集的全面性、及时性，也具有准确性。大数据技术使得网络舆情线索能被第一时间获取、分析、展示、预警，从而使我们不仅能够通过网络全面、及时、较为准确地了解网情网意，而且能有效防止有害舆情信息的泛滥和失控，帮助有关部门及时消除负面情绪，引导舆论，并为下一步决策提供数据支撑。

二、大数据技术在舆情研判环节的作用

收集舆情信息数据不是简简单单地对信息数据进行分析研判，而是在整合大数据处理技术之后，利用数据挖掘和分析能力，对收集到的信息数据进行自动分裂聚类、主体检测、倾向性统计分析、专题聚焦、主题跟踪、趋势分析，以全面掌握网络舆情动态。大数据技术通过从常规舆情研判和突发事件舆情研判入手，挖掘数据，分析日常数据，能够及时研判出“异常”“敏感”信息，及时提醒有关负责人了解网络舆论走势，感知舆情冷热温度，有利于及时、果断采取有力措施，及时引导舆论。同时，利用大数据技术研判舆情，能够预防重大网络舆情危机的发生，并能够在突发事件发生时，为突发事件网络舆情研判提供技术参考。

三、大数据技术在舆情处置环节的作用

舆情处置是舆情治理过程中的重点和难点，舆情危机事件的顺利解决依靠的就是高效合理的处置引导机制。大数据技术在网络舆情引导中，同样发挥着重要的作用。一方面，利用大数据技术分析数据，对于敏感、涉密舆情，可以控制、防范、“静观其变”，通过“静”来看网上的动态数据，从而适度引导舆论走向。另一方面，对于影响力较大的网络舆情，大数据技术在信息公开方面具有重要作用。目前，国内许多地方政府已经引入大数据舆情督办平台，用数据“督办”有关部门处置舆情，让大数据技术起到督办“鞭策”作用。

四、大数据技术在舆情考核环节的作用

舆情考核是舆情治理的重要环节。目前，国内很多地方建立的大数据舆情督办平台，不仅能够在舆情监测、研判、处置等环节发挥作用，也能够对舆情处置的效果，如舆情的响应、处置、引导、应对效果等进行考核。

利用大数据技术，对各个环节进行量化评分后汇总，则考核结果得以量化。大数据技术在舆情考核中的作用改变了以前单凭主观印象或“手工式”登记汇总材料进行考核的方式，更加便捷、准确，更具有说服力。现在，国内大部分的舆情绩效考核逐渐开始使用大数据技术，提高了绩效考核的科学性和权威性。

— 第三节 —
大数据舆情监测的局限性

同任何技术一样，大数据舆情监测的应用也存在一定的局限性。充分认识其局限性，做到“扬长避短”，才能更好地实现大数据技术在舆情监测中的价值。

首先，大数据监测存在盲区。目前大数据舆情监测的全面性是相对意义上的，实际上大数据技术还达不到真正“全面监测”的程度。浩瀚的网络信息，加之技术不完善、平台权限限制等，造成大数据的全面性仅仅是在监控范围内的“全面性”，监控范围之外则是盲区。

其次，大数据再“大”，数据也只能限制在可监测的范围；它的预测性、全面性、关联性及可量化，是建立在互联网“普及率”和网民“参与率”的基础上的。根据大数据技术在互联网抓取的数据判断舆论的真正价值，容易忽视大数据视野之外真实的、有具体价值的舆情信息。而且，充分利用大数据在一定程度上容易形成“唯数据”“数据崇拜”等观念，造成“让数据说话”“以数据论英雄”的歪用，以及数据与现实的“两张皮”。

再次，大数据监测存在人工“错位”。大数据舆情监测企业多为个体企业，整合性不强，人员队伍年轻且流动性大。这在一定程度上导致舆情监测服务公司监测能力整体提升较慢，人才也不能长久沉淀。另外，舆情监测人员的知识水平、关键词设置、分析解读能力与目前要求有一定的差距。舆情工作人员的能力水平、经验经历和价值判断直接关系到舆情监测工作的效率和质量，加之舆情工作人员发现舆情数据价值具有偶然性、投机性，这些都与舆情监测研判的数量、质量密切相关。

最后，大数据监测可能存在决策失误。大数据监测导致的决策失误主要来源于舆情数据的非理性和信息孤岛。在舆情数据的非理性方面，数据非理性是网友观点的非理性，也是舆情充满变数、随时逆转的重要原因。另外，大数据监测的操控者难以摆脱人的主观性影响，通过由“人”设置关键词来收集数据，监测结果难免出现差别，甚至出现“差之毫厘，谬以千里”的结论。

因此，大数据的决策理论如果建立在数据统计、分析之上，不经过综合辩证分析，就容易陷入“数据崇拜”的泥沼，大数据监测决策的科学性也会受到一定的质疑。目前，绝大多数部门、企业已经认识到舆情数据的重要性，知道舆情数据与自身利益有很大关系。于是，许多机构纷纷上马网络舆情监测系统，充分利用大数据的“透视镜”“望远镜”作用，察觉关于自身的重要、微小、关键的数据，为科学决策提供参考信息。但是，彼此不共通的系统造成了数据孤岛，导致数据决策很可能“只见树木，不见森林”。

—第四节—
大数据舆情监测局限性的超越

大数据专家舍恩伯格认为“大数据将开启一次重大的时代转型”[1]。大数据具有重要的时代价值，我们要顺应时代潮流，克服大数据舆情监测的局限性，促进大数据舆情监测的进一步应用。

一、促进大数据技术与人文的有机结合

第一，提高大数据技术能力。大数据舆情面临的技术问题，最终还需要发展大数据技术来解决。一是提高技术能力。在 Frame、Java Script、Ajax 等爬虫技术的基础上，鼓励企业、科研院所继续研发更先进的舆情数据采集技术，使其不但可以监测各种正文信息，还可以采集获取某些特定的信息，如主题最新回复内容、阅读量、跟帖量、跟帖账号、跟帖时间地点、音视频等信息。二是推动舆情监测科学化。加强统筹，通过与新媒体、相关舆情监测企业对接，构建大数据舆情监测预警平台，推动舆情监测的科学化、高效化和协同发展。三是提高情感数据量化能力。大数据技术虽然不能彻底“通达”人性，但终究可以向人工智能发展，实现情感数据的

[1] [英]维克托·迈尔-舍恩伯格，肯尼思·库克耶. 大数据时代[M]. 盛杨燕，周涛，译. 杭州：浙江人民出版社，2013: 9.

量化。四是丰富完善数据池。优化完善关键词数据库，提高舆情抓取率。在现有关键词数量的基础上，优化关键词的组合和运行规则，优化设置关键词组合技巧。同时，舆情监测主体要不断提供新的关键词，完善数据词库，并且调整、清理无效的关键词。

第二，增加人文研判。对舆情趋势的研判是大数据时代舆情监测的目标。如今，人们能够从浩瀚的舆情数据中挖掘数据、判断趋势。但这远远不够，我们还须不断增强对关联舆情信息的分析和预测能力，不仅仅关注数据与数据之间的关联，还要关注数据与人的关联；另外，须对系统自动识别分类后的信息，根据经验、网友意会表达、特殊情景等进行再次挑选和分类，增加舆情数据的“情感温度”，破解文字、图片的“弦外之音”。

第三，采用“技术+人工”方式。舆情监测数据的量化取向并不能掩盖舆情监测人员自身的主观性，也不能全面还原舆情事件的情景因素。从此意义上来说，大数据技术仅仅是舆情监测、治理的一种路径。我们需要在大数据监测的基础上，通过人工监测方式进行补充，采用“技术+人工”方式，弥合数据世界与生活世界之间的落差，使得监测数据能更准确地反映公众心理，更真实地描绘社会意见生态。

二、加强大数据舆情监测管理

第一，网络舆情治理和社会治理相结合。舆情数据从本质上来讲，是人们在现实世界呼声的表现。网络舆情治理的本质是社会问题的治理。因此，我们不仅要利用大数据技术监测、收集网上群众的意见，而且要利用大数据技术整合线下的社情民义。在此基础上，发挥大数据“关联性”优势，把线上线下意见统一整合考虑，构建舆情治理的大数据库，实现线上舆情处置和现实问题相互策应、同步推进。

第二，草根性与权威性相结合。政府公信力往往与政务公开相联系，因此，我们要把大数据技术与政务信息公开紧密结合起来。应在官方权威的平台上发布政务信息，同时，发挥社会自媒体的草根性作用，鼓励社会自媒体弘扬社会正能量，在国家政策范围内传播政务公开信息，提升政务公信力。此外，政务公开要在保障数据安全的前提下进行，应破解舆情数据"信息孤岛"，引导社会公众积极参与对公共数据的理性生产和正确使用，增加"草野"与"公权力"的互动性，发挥大数据的最大价值。

第三，日常舆情监测与大数据相结合。"千里之提，溃于蚁穴"，重大舆情的发生往往与细小、琐碎的舆情"量变引起质变"有关。因此，我们要突破传统舆情监测的旧式思维，充分利用大数据技术收集日常舆情数据。建立网络舆情大数据的监测台账，动态纳入"两微一端一网"等各个平台数据，并全面分析舆情数据的产生、传播及影响动态，从变幻莫测的舆情数据库中"定位"出"关键"，从而精准施策，提高舆情治理能力。

第四，突发事件与大数据相结合。在大数据时代，突发事件与互联网密切相连、如影随形。网络既是突发事件的"催化剂"，又是网络舆情治理的"灭火剂"。因此，突发舆情的治理与网络治理密切相关，与大数据治理密切相关。同时，应该看到，提高处置突发舆情事件的能力"功底"在于平时的日常舆情监测，在于日常的关键词补充完善、数据筛选、经验性调试、细小琐碎式的舆情演练。在日常监测的基础上，通过对舆情性质分类、网友意见倾向、传播平台、扩散速度等方面的大数据分析，建立突发舆情的应对体制、机制及制度，科学研判，稳妥快速处置，提高对突发舆情的治理能力。

第五，舆情引导和大数据相结合。"解铃还须系铃人"，网络借助大数据加速或延缓了舆情事件的发生、传播，大数据在网络引导中的重要性日益凸显。我们应运用大数据的关联性，分析网友意见倾向、平台权威性、扩散面等因素，勾勒网络舆情事件的全景，设置不同网络引导类型，巩固正面声音，消解非理性声音，引导网络舆情向客观、理性方向发展。

三、推进大数据舆情管理体系建设

第一，健全大数据舆情管理体制。目前，我国在大数据舆情监测方面还存在一些问题，比如舆情数据集中度、使用率、安全性较低，我们需要加大在人力、财力、技术等方面的投入；发挥网信部门统筹协调作用，建立大数据舆情监测、研判、预警、处置、引导等管理体制，统筹社会各个方面舆情数据的收集、汇总、挖掘和利用，推动我国舆情大数据的发展。同时，建立线上线下舆情生态联通机制。建立多部门信息沟通机制，建立新的评估机制，建立网上舆情监测处置与线下矛盾引导化解的相互作用机制，打通线下线上舆情沟通渠道。

第二，多元化大数据监测渠道。一是建立重点舆情源报送制度，弥补大数据监测盲区的缺陷。通常情况下，对于区域性舆情，网友在网上发布诉求的同时，也会通过电话、内部系统等方式向新闻媒体、信访单位、12345热线等进行同步爆料。舆情监测需求主体须加强与这些单位的对接，剥离出自身单位所需舆情信息，不断延伸监测的触角，扩大监测范围。二是加强舆情监测核心部门与舆情信息源平台的合作，扩大舆情的监测权限。在遵守法律法规的前提下，应加强与重要舆情平台的合作，在已有能力监测范围（如新浪微博、网页论坛）基础上，在保证网友隐私、言论自由的前提下，适度扩大核心部门舆情监测权限，拓展发现舆情的渠道和触角。

第三，加强大数据舆情监测人才队伍建设。一是重点引进统计学、计算机、情报学、新媒体、传播学等专业技术人才，优化大数据舆情人才队伍。二是购买服务，租赁第三方高精尖大数据监测技术人才，提高大数据舆情监测专业化水平。三是招录或加强培训，加强属地重点人物、重点地点、重点事件的地域舆情监测，加强关键词设置及分析能力培训等，提升监测员的舆情素养。

第八章

慈善资源：大数据时代的精准衔接

慈善事业的快速健康发展离不开慈善资源生态链的高质量运转，但传统慈善资源在流通与衔接上会受到很大的限制，阻碍了慈善事业的现代化转型。基于大数据的慈善资源精准衔接，在塑造慈善事业良好形象、精确决策和精细管理、精准指导和复制共享、精准评估和精效监督等方面具有重要功能，为新时代慈善事业创新发展找到了突破口。建立强有力的慈善资源衔接工作管理服务云平台，实现慈善资源捐赠者、慈善资源衔接管理平台、慈善资源受助群体的三方互动、信息并联共享、三位一体的综合管理服务，为慈善资源精准衔接提供了基础路径指引：“互联网+”时代大数据资源整合助力精细化管理；大数据分析指导慈善资源精准衔接；新媒体数据互通助力互动、监督的实现；依托大数据云平台助力慈善资源衔接环境的转变。

随着大数据与人工智能时代的发展，大数据对人类社会活动的各个领域都产生了非常大的影响，大数据思维为人类认识世界和改造世界提供了新的视角和新的维度，无论是生活、工作和还是学习，其思维模式和工作手法都在发生深刻的变革。基于大数据的慈善资源精准衔接，能凭借其优势与潜力助推慈善事业有序发展。因此，如何将大数据与慈善事业的发展有机结合、推动慈善资源与受助者精准衔接、开拓创新慈善资源衔接工作、实现慈善事业全方位的精准化服务和精细化管理，是一个需要深入研究的课题。

— 第一节 —
当下慈善资源衔接的局限性

我国的慈善事业起步早，发展历史悠久，随着社会的法治化、市场化和民主化水平不断提高，各类慈善组织的数量呈现递增趋势。慈善的主体从原有的个人、企业扩展到慈善家、社会企业、慈善组织等，慈善主体多元化趋势明显。但目前在慈善资源的衔接过程中，还存在衔接工作不协调、反馈和监督机制不健全、慈善组织角色失衡等问题。

慈善源于仁慈之心、恻隐之心，强于财有余力与社会信任。慈善理念的构成包括个人的同情心、怜悯心及社会的共同行动和共同的社会伦理道德意识。慈善事业就个人而言不具有义务性，就社会而言不具有强制性，但当下社会可能存在慈善资源捐赠者在捐赠后遭遇公众质疑的情况。而对于慈善资源受助者，可能由于对慈善理念理解不足、担心个人隐私泄露等，对慈善资源衔接参与度不高。这些间接或直接地阻碍了慈善事业的可持续发展。

— 第二节 —

基于大数据的慈善资源精准衔接的功能

一、利于塑造慈善事业的良好形象

1. 基于大数据的信息公开共享与保护个人隐私的实现

原有的信息传播渠道普遍存在传播速度慢、影响范围小等特点，这违背了信息的即时性要求，信息的价值已经大打折扣。信息的公开共享，本质上是信息资源价值的共享，原有的信息传播渠道显然不具有信息资源即时共享的能力。而基于大数据平台的信息传播，广泛、及时、有效，可以为每位需求者提供精准而有价值的信息资源，可以直接满足社会公众的信息需求。这样，基于大数据的慈善资源精准衔接，突破了信息公开共享的瓶颈，现在急需考虑的是如何将大数据平台与慈善资源精准衔接工作有机融合，以期达到慈善事业发展的最佳状态。

实现信息的公开共享，需要解决的另一个备受关注的问题是个人隐私问题。大数据平台是基于移动互联网、云计算、物联网等相关配套基础设施而存在的，通过大数据信息管理平台，合理有效地定向传递信息，在保证信息公开的同时，避免捐赠者、受助者的个人信息被第三方获取，让非法分子无法从中牟利。在不泄露个人身份的前提下，协助完成捐赠者和受助者之间的定向信息交流，既提高了慈善项目的透明度，又保护了当事人的个人隐私，还能运用大数据手段的预测功能完成传统信息平台难以提供的服务，如灾情趋势预测、舆情预判等，有助于慈善组织更有预见性地进行资源配置[1]。

2. 基于大数据的慈善理念转变

大数据具有传播速度快、影响范围广等特点，这为社会慈善观念在较短时间内的迅速转变提供了基础条件。将现代先进慈善理念融入大数据思维中，在原有慈善理念基础之上取其精华、去其糟粕，将其与现代的慈善理念相结合，从而实现慈善理念的迭代更新。最终，基于大数据的慈善理念，可实现由传统的慈善理念向基于自身发展的社会责任的转变，社会成员间的互帮互助、互惠互利、合作双赢的慈善氛围得以营造。随着慈善理念的内化、社会群体思维的转变，无论是站在慈善资源捐赠者还是受助者的角度，都不再被感恩与图回报的错误思维误导。

二、利于精确决策和精细管理

1. 基于大数据的精准决策

大数据时代的到来，为慈善资源精准衔接过程的精准决策工作的开展铺平了道路。基于大数据的慈善资源衔接决策工作，可以利用现有的大数据分析工具，依据收集的海量数据和精准的数据分析，通过掌握决策依据、优化决策过程、跟踪决策实施来增强决策的科学性，实现从"拍脑袋决策到基于大数据的科学决策"的转变[2]。有针对性地将慈善资源衔接工作的过去和现在的发展趋势以清晰可见的模式呈现，对未来的发展做出精准决策，将过去、现在和未来这三个维度一体化，相互融合促进，从而实现慈善资源精准衔接工作决策评判依据由传统的以样本代替总体、以部分推及整体向以整体数据分析、统筹全局的方法论的模式转变，极大地降低了决策过程中发生的误差。

---

[1] 阎永哲，唐果. 基于大数据的慈善组织信息公开框架构建研究[J]. 中国矿业大学学报（社会科学版），2017(5):44-51.

[2] 许丽君. 大数据背景下的政府"精准决策"模式[J]. 天水行政学院学报，2016(5):70-73.

基于大数据的精准决策为慈善资源的精准衔接工作提供了全面的工作指导和发展方向指引，为慈善事业的发展赢得了更多的时间和空间资源，既提升了慈善资源精准衔接服务的效率，又提升了慈善资源衔接服务的质量。

2. 基于大数据的精细管理

高效的慈善资源精准衔接管理离不开大数据的支撑。首先，通过发挥大数据工具对信息资源的整合功能，将慈善资源精准衔接的各个交接工作环节的基本资料，包括结构化的、半结构化的及无结构的数据全部统一录入信息系统，通过大数据技术分析整合非结构化数据资源信息，输出基于传统分析工具无法获取的有价值的资源信息，建立信息数据库，实现精细化管理，实时调配资源。

其次，利用大数据分析系统针对数据库中不同的服务对象，细分出年龄、收入水平、教育水平、职业能力等差异，了解不同服务对象的不同需求、不同偏好，实行分类管理和服务[1]，这正是当下提供特殊化、精准化管理与服务最急需的。在此之前，传统的慈善资源衔接工作，从管理层面来说，对于不同的受助群体，在绝大多数相同的行政管理区域内都是按照一个标准执行的，没有针对不同的慈善资源衔接对象实现个性化、特殊化、精准化管理与服务，而基于大数据技术可以实现慈善资源精准化管理与服务。

三、利于精准指导和复制共享

1. 基于大数据的精准指导

基于大数据的慈善资源精准衔接工作，无论是工作的方法论，还是工作人员的思维方式，都具有与大数据技术相适应和兼容的特征，都是以大

[1] 杨慧. 大数据时代公共服务精准化供给研究[J]. 南方论刊，2016(10): 62-64.

局观、全局观、整体观来指导开展工作，传统的以样本代替整体、以局部推导整体的工作依据已经被抛弃。基于大数据的慈善资源精准衔接工作在兼具现代化特征的同时并不会与实际冲突，在这个背景下依托大数据分析形成指导工作的科学依据，从而以更加科学、精准、有效的方式开展慈善资源精准衔接工作。

2. 基于大数据的慈善资源精准衔接与资源共享

资源共享主要包括外部共享和内部共享。外部共享主要是指面向社会群体的共享，包括慈善资源直接获益者、慈善资源捐赠者，以及其他正在关注慈善事业的人群；内部共享主要是指慈善资源在慈善事业服务体系中的横向共享和纵向共享，具体体现为跨部门、跨层级、跨平台的共享。

基于大数据的资源共享，通过运用大数据处理工具，将慈善资源按同质性和异质性分类，构建基础数据的多源整合、离散储存、集中共享模式，打造唯一数据接口、一数一源的精准对接资源管理平台，实现外部共享和内部共享的供给与需求精准衔接，最终利于从源头上、根本上实现慈善资源的共享导向机制，充分调动共享参与者的积极性、主动性，提高共享成果的可评估性和共享流程的可操作性，反其道而行之，倒逼慈善事业走向可持续发展的道路。

四、利于精准评估和精致监督

1. 基于大数据的精准评估

基于大数据的精准评估，主要借助大数据分析系统，在遵循客观规律的基础上，结合当下我国与慈善事业相关的法律法规及不同地区慈善事业的发展现状，完善或重构全国性的慈善资源精准衔接评估体系，从而实现全国各地的评估一体化、便捷化、高效化，以统一的评估标准和运行模式，结合大数据平台分析系统，全面、综合地评估慈善资源的精准衔接工作。

2. 基于大数据的精效监督

基于大数据的精效监督，其本质出发点是对慈善资源发挥最大效能的监督。在大数据的“4V”特征中，数据价值的时效性最值得关注，因为数据价值的大小与目前数据对资源服务人群的服务效用状态直接相关，而这恰好是对当下慈善事业精效监督的必备环节。

基于大数据的精效监督，可以实现多维度、多渠道的获取及即时、准确地掌握公开慈善资源衔接的状态，以微博、微信等新媒体工具为辅助传播慈善资源衔接资讯，将慈善资源目前的状态全方位呈现给社会公众，快速、准确地对慈善资源衔接工作中各方参与者的评价和反馈做出回应，做到慈善资源衔接工作过程透明、管理透明、资源支出透明。把慈善资源衔接工作最具前沿的资讯在最短的时间内公开，拉动全员参与监督，推动改善慈善资源衔接工作的可持续发展。

第三节

基于大数据的慈善资源精准衔接的创新路径

将大数据与慈善资源衔接工作相融合的工作手法，目前还处在一个全新的设想阶段、试用阶段、尝试阶段，整个工作手法的各个方面都是新的，主要表现在理念、工具和技能要求方面。这就要求我们要充分认识目前慈善事业发展中存在的矛盾，以及矛盾主要方面和次要方面的属性、特征。因此，就现状而言，基于大数据的慈善资源精准衔接工作的前提和基础是建立一个强有力的慈善资源衔接工作管理服务云平台（见图 8-1）。

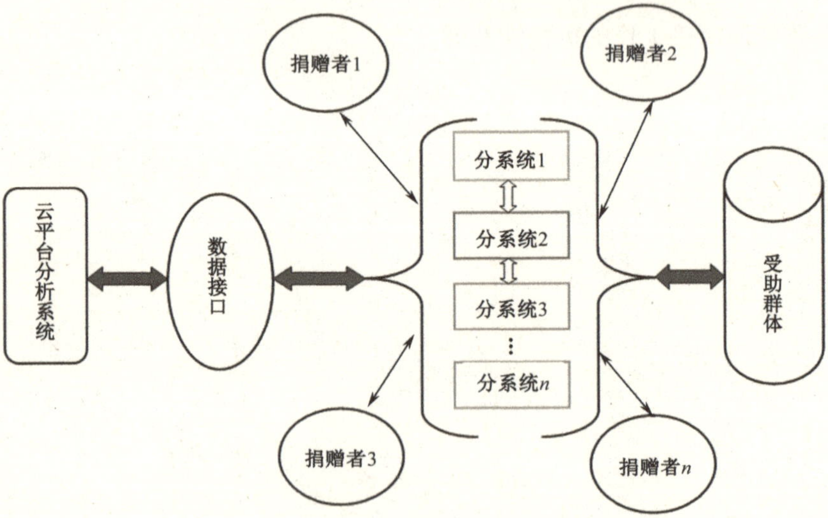

图 8-1　慈善资源衔接工作管理服务云平台

云平台分析系统由一个数据接口连接无数个分系统（地方慈善资源管理平台），分系统再与无数个资源捐赠者和慈善资源受助群体相连。在这个云平台分析系统中，首先，各分系统将来自四面八方的资源捐赠者所捐赠的多样化的资源数据，以及受助群体的需求数据进行资源整合，再通过对原始数据进行数据的抽取、清洗、转换和加载，形成各分系统的数据资源仓库；其次，各分系统的数据资源仓库通过数据接口将慈善资源数据交付给云平台分析系统；再次，云平台分析系统通过运用大数据处理工具，如 Hadoop、Storm、HPCC、Pentaho BI 等分析处理软件，将各平台资源数据以图形、表格、文字等形式呈现，从而实现慈善资源数据之间相关关系的可视化；最后，实现慈善资源捐赠者、慈善资源衔接管理平台、慈善资源受助群体三方互动、信息并联共享、三位一体的综合管理服务云平台，为慈善资源精准衔接提供基础路径指引。

一、“互联网+”时代大数据资源整合助力精细化管理

1. 借助互联网大数据精细管理慈善资源云平台

借助互联网大数据，建立慈善资源衔接工作管理服务云平台，将全国不同地区的慈善资源平台信息录入该平台，打造跨省份、跨区域、跨部门、跨领域的跨界联合资源管理服务云平台，实现以平台管理平台、以平台带动平台、以平台调配平台资源的综合服务体系。一种制度、一套模式、一套方法，便捷的管理、高效的平台运营机制，激发慈善资源精准衔接工作的活力，解决区域资源分配不均、各地区资源管理平台独立发展缺乏外援的问题。

2. 借助互联网大数据精细管理慈善资源

借助互联网大数据分析系统，把慈善组织纷繁复杂的慈善资源通过信息采集录入系统，并进行分类汇总，建立慈善资源信息数据库。通过系统分析，对慈善资源目前的状态进行动态监测管理，把目前所有慈善资

源的入库、出库及与受助者衔接的过程以最快的速度、最科学的形式展现在管理者面前，实现慈善资源的精细化管理，使得管理者能充分履行管理慈善资源的职能，对于慈善组织的每个慈善资源信息都了如指掌，让慈善资源的来源、存放平台、储存时间，以及后续的慈善资源衔接等问题不再成为问题。

3. 借助大数据云平台精确整合慈善资源

借助大数据云平台精确整合慈善资源，主要体现在以下两个方面。其一，整合捐赠者资源数据。慈善资源捐赠者捐赠的资源形式多样，数量庞大，来源渠道丰富，需要以统一的标准分类统计呈现慈善资源数据信息。其二，整合地方慈善资源管理平台的资源数据，实现统一调配、统一管理、跨界共享服务。

二、大数据分析指导慈善资源精准衔接

1. 借助大数据精准匹配慈善资源

慈善资源衔接工作管理服务云平台通过分析系统的相关数据，将其以正确的、有效的、完整的、一致的、具有时效性的资源数据目录形式呈现出来，最终目的是精准选取服务受助对象和精准匹配慈善资源。

自 2013 年习近平总书记提出“精准扶贫”以来，国内相关专家在大数据与精准扶贫耦合性路径分析与运用方面的经验，在探讨大数据与慈善资源精准衔接方面也值得我们借鉴。譬如，在精准扶贫瞄准扶贫对象方面，相关研究者指出精准扶贫政策得以实施的四步走：贫困人员的精准识别；贫困人员的差异性帮扶；扶贫人员的动态管理；扶贫成效的精准考核及持续改进[1]。这对于慈善资源精准衔接工作的直接经验借鉴就是：以大数据平台为依托，在打通我国与贫困人口相关的业务部门数据的基础上，通过

[1] 盖宇希. 大数据视角下的精准扶贫[J]. 现代经济信息，2016(11):92-93.

对受助群体的个人基本信息，包括年龄、性别、文化水平、宗教信仰、收入水平、家庭环境、生活环境等动态跟踪监测，对受助群体的需求全面挖掘、综合评估，进而达到精准选取服务受助群体的目标。将大数据平台的资源信息以清晰、完整的方式有规律地存放在平台上，助力精准选取的服务受助群体与平台资源进行精准匹配。

2. 借助大数据精准策划和设计慈善资助方案

借助大数据云平台，通过对慈善资源衔接的全流程实时反馈，可以总结归纳衔接工作的发展规律，包括慈善资源衔接过程的风险预测、困境的预估和解决方案、服务群体更期待以怎样的方式得到帮助，以及慈善资源衔接过程对后期的评估跟进等。

因此，对慈善资源衔接过程的多方互动和反馈，使得平台管理者在接下来的服务策划与慈善资助方案设计方面更加精准，主要表现在策划和设计方案的各个环节，包括调研报告精准化、设计方案全方位覆盖、费用支出最小化、资助效益最大化、资助内容丰富化、资助形式多样化、资助进度精效化、动态跟踪监测与动态评估精准化等。

3. 借助大数据精效组织慈善资源衔接工作

在大数据时代，智能化工具开始参与慈善资源精准衔接工作。由于这些智能化工具始终只能代表物化思维，无法取缔人在认识世界和改造世界中的主导地位，因此在慈善资源精准衔接工作中，需要多方参与互动。慈善资源精准衔接工作在大数据云平台等相关工具的精准指导下，相关工作人员的参与变得有章可循，这就为精效组织慈善资源精准衔接工作、提高慈善资源衔接工作的成效做好了准备，可借助大数据云平台精效组织慈善资源衔接工作。

首先，对工作岗位本身进行评估，包括评估该工作岗位需要处理的工作内容。

其次，对每个衔接工作岗位上工作人员各方面的素质做到精准评估，对于到岗职工的能力素养、知识素养、品德素养等给出全面反馈，要求相关领导恰当分配和合理安排员工，做到量体裁衣，做到岗前专业能力鉴定合格。

最后，充分调研岗位所服务的受助对象的需求、需求供给须注意的事项、受助者诉求的合理反馈方式等。

从以上三个方面入手，借助已有的大数据云平台，把慈善工作的开展做到岗位适配、人才能力适应、资源衔接适当、受助者需求反馈适中，从而实现组织工作精准、高效运行。

三、新媒体数据互通助力互动、监督的实现

1. 依托新媒体数据共享实现慈善互动

依托新媒体平台，实现慈善资源信息的公开、透明，可以极大地调动慈善事业参与者的主人翁意识。

首先，慈善资源衔接工作管理服务云平台通过借助新媒体平台共享相关数据信息，并搭建与社会群体互动交流的反馈机制。

其次，通过合理化的方式收集来自不同渠道、不同类型的参与者的互动信息，及时给予回复并做出相应的工作改进，完善制度，充分发挥参与者主人翁地位的优势。

最后，把大众的智慧与当前的慈善工作相结合，实现慈善互动可持续发展，推动慈善资源衔接工作良性发展。

2. 依托新媒体数据共享实现相互监督

在慈善资源衔接工作管理服务云平台的支撑下，依托新媒体数据共享促成相互监督体系的建立。就目前而言，我国的公益慈善事业的监管，必

须要结合我国政治体制改革和国家治理体系现代化趋势，进行合理设计，实现内部监督与外部监督的有机结合[1]。具体实操路径可从以下几个方面着手。

第一，慈善资源衔接工作管理服务云平台内部的监督。慈善资源衔接工作管理服务云平台通过对平台工作人员调配资源的信息交互、相关受助群体信息的动态变化、慈善资源衔接记录等的分析，再结合原有的客观数据，对工作人员的工作进行引导和问责，实现资源的合理分配。

第二，慈善资源受助群体的监督。受助群体是慈善资源衔接工作最直接的见证人，最具有监督的话语权，慈善资源衔接工作是否具有成效，可以从所有受助者的反馈中分析出客观的结论。

第三，资源捐赠者和其他社会公众的监督。慈善资源衔接工作者通过相关信息传播渠道，把慈善资源衔接工作进度、目前所取得的成效进行公开，接受资源捐赠者和其他社会公众的意见和建议，完善慈善资源精准衔接工作。

四、依托大数据云平台助力慈善资源衔接环境的转变

慈善观念是慈善文化的核心，是慈善活动开展的内在动力。培育慈善观念，应唤醒人们的慈善意识，使其对社会弱势群体的关注成为一种自觉。在奉献爱心时，要克服传统慈善中“爱有差等”的观念的局限性，弘扬博爱精神，还必须倡导正确的财富观念，使人们理性认识财富，对财富做到聚散有道[2]。慈善资源精准衔接工作，最大的阻碍就是公众的抗拒心理。根据间接互惠理论，由于上行互惠，社会地位低的个体更可能在感激情感高时做出慈善捐赠；而由于下行互惠，社会地位高的个体更可能在互惠信

---

[1] 杨艳芳. “互联网+”背景下的公益事业发展研究[D]. 南京：南京大学，2017.

[2] 苗国强. 和谐社会背景下的慈善文化建设路径探析[J]. 河南师范大学学报（哲学社会科学版），2010(5):262-265.

念高时做出慈善捐赠[1]。

当依托大数据云平台辅助实现慈善资源精准衔接工作时，其中最重要的一环是对社会群体慈善观念的孵化及培育，调动资源捐赠者的内在捐赠动机，找到公众抗拒心理的根源所在，并通过合理的途径和渠道释放公众心理压力，搭建慈善互惠的桥梁，从而让人们树立正确的慈善价值观念，并能够更多地从积极、正向、阳光的角度看待我国慈善事业的发展。

当下的慈善资源精准衔接工作，还应该在大数据云平台的指导下，借助备受关注的新媒体与传统媒体相结合的方式，把慈善的观念性元素融入两者之中，让慈善观念的新元素走遍大江南北，走向人民群众，而不再是慈善工作人员自己特有的价值观念。

---

[1] 刘长江. 公益慈善的社会心理机制[J]. 心理技术与应用，2018(2): 109-117.

第九章

智慧养老：老龄化社会养老服务模式新突破

随着老龄化社会的快速到来，养老服务需求与日俱增，传统社区养老服务模式的弊端逐渐凸显，养老理念不积极、医疗保健不理想、生活照料不稳定、紧急救助不及时、情感慰藉不到位等诸多困境在很大程度上阻碍了养老服务的可持续发展。基于大数据的智慧养老服务模式具有转变养老观念，促进医疗保健服务更理想、生活照料服务更持续、紧急救助渠道更畅通、智慧养老情感体验更积极等多方面的重要功能。基于大数据的智慧养老服务模式创新研究，从智慧养老的概念与价值探讨出发，到智慧养老服务平台的搭建，再到智慧养老服务模式的“SWOT”分析，最终从专业化、运营成本、易被认可和信任、“自我造血”好、共享程度高与覆盖面广等诸多优势中，探讨智慧养老服务模式创新发展的合理性与可行性，为克服传统养老服务模式的弊端，重构新时代优质、高效、便捷的智慧养老服务模式奠定基础。

大数据、人工智能等技术的快速发展和广泛应用，为智慧社会建设奠定了坚实的基础。自 2008 年 IBM 公司提出智慧地球的概念以来，人们就一直在探索如何在生产、生活中融入智慧的概念，从而实现智慧与人类思维方式、生活方式的捆绑式、嵌入式发展。

如今，智慧一词在众多领域被提及，大体上经历了从智慧地球、智慧国家、智慧社会、智慧城市到智慧社区不断具体化延伸发展的过程，而人类的第四次工业革命——人工智能时代的到来，则标志着智慧与人类社会的发展契合达到了前所未有的高度。

在社会治理和社会服务方面，智慧一词也得到了广泛应用，在养老方面也不例外。随着老龄化社会的来临和养老问题的日益凸显，为解决当前我国乃至全世界的“银发浪潮”所带来的一系列困境，以大数据、人工智能为基础的智慧养老服务模式创新，已成为社会各界普遍关注的焦点和研究的热点。

—第一节—
养老服务模式创新的必要性

十九大报告指出，在加强社会服务保障体系和实施健康中国战略方面，要不断地完善老年人关爱服务体系，积极应对人口老龄化，构建养老、孝老、敬老政策体系和社会环境，推进医养结合，加快老龄事业和产业发展。在加快建设创新型国家方面，要不断地加强应用基础研究……突出颠覆性技术创新，为建设科技强国、网络强国、数字中国、智慧社会提供有力支撑，加快建设制造强国，加快发展先进制造业，推动互联网、大数据、人工智能和实体经济深度融合。在这一背景下，大数据、人工智能等前沿技术自然就成了智慧社会发展最有力的技术支撑。

智慧社区作为智慧社会、智慧城市的一个缩影，其建设成为人们普遍关注的问题，也是人民不断追求美好生活目标的一个重要切入点和落脚点。

当下，在传统的养老服务模式中，存在固有的养老困境，如老年人自身养老理念不积极、对老年人的生活照料服务不稳定、紧急求助不及时、情感慰藉不到位、医疗保健不理想等。对这些养老困境的突破，可以从智慧社区建设的角度寻找解决方案。

—— 第二节 ——
大数据背景下的智慧养老服务模式的功能

一、基于大数据的养老服务理念的传承与转变

积极老龄化理念中的“积极”一词不单是指健康，也包括能持续参与社会、经济、精神和文化活动；老年人就算是有疾病或伤残，仍可以积极地对家庭、朋友、社区甚至国家有所贡献。积极老龄化理念能使老年人发展其独立的潜能、维持健康身体和生产力，与此同时我们对那些有需要的老年人提供足够的保护与照顾，使年长不会成为一种负担与忧虑[1]。

在老年人的养老服务中，养老服务直接提供者、间接参与者、养老服务受益者在当下需要积极主动地接受积极老龄化理念的熏陶，并做积极老龄化理念的传承者和创新者，最终实现养老理念从医学照顾模式向社会照顾模式转变、从诊断到整体分析转变、从机构照顾到居家安老转变、从治疗疾病到保持健康转变、从干预到预防转变、从消极到积极转变，从而做到主动接受“老得要慢”“病得要晚”的积极健康观念，并为此付出努力和行动，积极应对老年生活的到来。

基于大数据的积极老龄化理念的培育及传承，要以智能手机客户端为

[1] 梅陈玉蝉，齐铱，徐永德. 老年社会工作[M]. 上海：上海人民出版社，2009: 8.

载体，将新媒体社交平台运用于积极老龄化理念的创新领域，将其充分运用到积极老龄化理念的培育及传承工作中，积极发挥大数据时代的优势和便利，精准、高效、便捷地将积极老龄化理念落到实处，推动非老年人群体形成积极正面的人生观、价值观、世界观，合理地认识老年人群体的生活特征及老年人的价值和贡献。同时，推动现有的老年人的养老思想理念的转变，为老年人积极享受清静的老年时光提供精神环境。

基于大数据的积极老龄化理念的落地及升华，实现了老年人对自身身体数据的可视化认识，减轻了老年人“疑病”心理造成的心理焦虑。老年人通过佩戴智能手环等智能可穿戴设备实时获取关于个人的身体数据（包括血压、血糖、心率等），实现身体健康数据的信息公开，帮助老年人预判身体健康状况，便于疾病的预测和治疗。老年人的生活状况不仅取决于其生理状况，更取决于个体生活所具有的幸福感和对生活的主观感受[1]。由此可知，影响老年人养老的因素主要包括主观因素与客观因素两个方面，总体而言，主观因素的影响强于客观因素。

更重要的是，要善于利用大数据分析、挖掘技术，在老年群体中挖掘能够发挥积极引领作用的人，通过大数据平台，分析老年群体中的个体，对其生活方式、生活态度等方面进行数据汇总，挖掘老年在老年群体中所显示的积极理念的依据，并培养和鼓励其带领其他老年群体积极感受与体验生活。

二、基于大数据的养老医疗保健服务更理想

对传统的医疗保健服务需求的评估，主要是通过对老年人的行为表现、面部特征、心理特征等综合分析得出的，然后再人为判断是否需要寻求医疗保健服务。这样的评估方式存在获取老年人身体健康数据实时性不

[1] 林卡，吕浩然. 四种老龄化理念及其政策蕴意[J]. 浙江大学学报（人文社会科学版），2016,46(4): 136-143.

足、准确性不高的弊端，更有甚者会因误判或因老年人主观感受的误导，导致服务连接者给老年人链接到不必要的或与客观情况相违背的医疗保健服务，给老年人造成重大伤害。

基于大数据的医疗保健服务，则在继承传统医疗保健服务优点的同时，借助科技的手段弥补了传统医疗保健服务的不足，在极大程度上提高了医疗保健服务的个性化、精准化、便捷化，使得养老医疗保健服务向更理想化的层面发展。其具体化运用场景如下：社区基于大数据的医疗保健服务，主要是运用一系列智能医疗保健服务产品进行的，如便携式的动态监测设备，包括血压测试仪、心率测试仪、血糖测试仪等；智能可穿戴设备，包括智能手环、智能手表、智能服饰等；还有在社区安放的公共智能检测设备等。所有的医疗保健产品，只需录入指纹或通过面部识别接口就能提供相关服务数据，从而实时获取老年群体的身体动态数据，通过平台大数据处理中心动态监测系统，导出需求服务群体，实现服务平台线上及时、准确、个性化的医疗指导和保健服务建议与线下医疗保健服务的精准衔接。

三、基于大数据的养老生活照料服务更持续

老年人日常照料的差序格局反映了老年人在需要照料时所能够获得的资源的排序，差序格局以老年人为中心，如图 9-1 所示。各种不同角色围绕老年人形成一个个圈层，越靠近中心，对老年人的照料支持越大[1]。

基于大数据的社区老年人生活照料服务，通过大数据平台信息反馈、社区养老服务提供者与老年人的沟通互动，以及对老年人生活照料资源差序格局的分析整合，包括整合家人、邻居、社区、慈善组织、社工机构等非政府组织的生活照料服务资源和政府的正式资源等，及时、准确地对老年人的生活照料服务需求，包括精神需求、陪伴需求及其他客观的生活照

[1] 杜鹏，王红丽. 老年人日常照料角色介入的差序格局研究[J]. 人口与发展，2014,20(5):85-92.

料服务需求等给予回应，推动老年人生活照料服务的正式支持服务与非正式支持服务相互补充发展，实现智慧社区养老生活照料服务的可持续发展，填补因服务需求提供者（主要是家人）短缺而导致的服务资源的缺口。

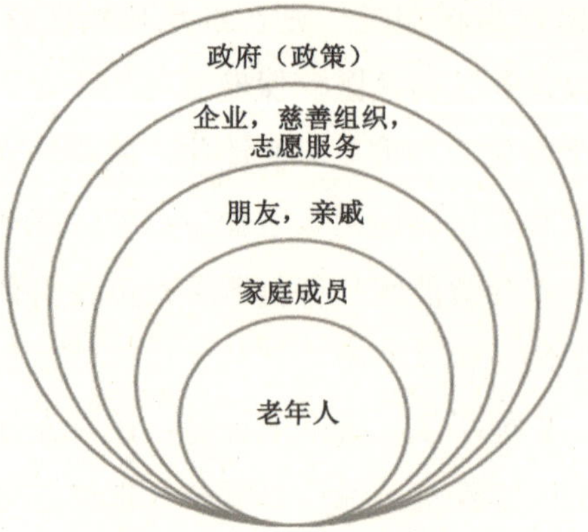

图 9-1　老年人日常照料结构

此外，可以根据大数据分析系统提供个性化的老年人生活照料服务，对不同的需求群体，特别是由于年龄从低到高所致的需求层次不同的群体，提供不同的需求服务。

四、基于大数据的养老紧急救助渠道更畅通

基于大数据的社区老年人紧急救助系统建设，主要是借助手机、监控、智能可穿戴设备、人工智能机器、紧急求助呼叫器等服务终端和大数据平台，将老年人紧急求助的需求数据及时、准确、完整地传达到智慧社区养老服务提供方，养老服务提供方再通过综合分析紧急需求，按实际需求情况，利用系统资源整合功能链接老年人身边最近、最优、最合适的紧急救助资源，为其提供救助服务，实现能线上线下协同配合提供紧急救助服务的大数据平台。

此外，当老年群体面临各种因素所致的危险情况时，大数据平台感应系统会在第一时间反馈紧急需求信息，这就在很大程度上减少甚至避免了

老年人因紧急求助无效而导致的灾难性后果的发生。

五、基于大数据的智慧养老情感体验更积极

相关研究表明，大多数与家人保持良好关系的老年人，有更多的机会与家人保持情感交流和沟通[1]，这对老年人的情感慰藉起到了决定性作用。由于老年人情感需求具有多样性，应尽可能多地满足老年人多元化的需求，并使之常规化、专业化，实现老年人在亲情、社会奉献等方面的情感需要[2]。基于大数据的智慧社区养老服务平台建设，须充分考虑老年人的家庭关系、朋友关系等，做到线上与线下服务相结合，为老年人提供积极、个性、便捷的情感慰藉服务项目，增强老年人的积极情感体验，促进老年人身心健康发展。

同时，还需要运用大数据平台将老年人情感慰藉渠道进行资源整合，智慧调控弥补老年人情感慰藉不到位的不足。其一，运用大数据平台收集老年人信息，通过大数据分析处理技术对采集的数据进行分析，筛选出老年人情感需求数据，并做好线下情感慰藉服务项目的反馈工作，动态监测老年人情感需求变化，做到情感需求服务与老年人切身需求相互衔接；其二，整合老年人身边的情感慰藉资源。在遵循差序分布规律的前提下，以老年人为中心，向周围圆形区域，包括家人、邻居、朋友、亲戚、同龄人群体、志愿者资源、社区物业、社工机构等辐射扩散，挖掘情感慰藉资源，将相关资源的联系方式、具体地址、工作（办公）时间等信息进行汇总，并做出情感慰藉服务资源智慧模拟供给图谱，以备不时之需。

---

[1] 胡宏伟，李玉娇，张亚蓉. 健康状况、社会保障与居家养老精神慰藉需求关系的实证研究[J].西华大学学报（哲学社会科学版），2011,(4): 91-98.

[2] 张雪晴，王云. 城市养老机构老年人精神需求调查及对策分析[J]. 管理观察，2017(25):105-107.

— 第三节 —
大数据背景下的智慧养老服务模式创新

一、智慧养老的概念与价值

1. 智慧养老的概念界定

智慧养老是指以物联网、大数据、人工智能、区块链等基础技术设施为载体，以智慧社区、智慧城市、智慧社会等社会基础设施为依托，以第三方专业服务组织介入服务为保障，在整合老年群体养老服务资源的前提下，形成资源数据互联互通、资源统一调度的新型养老服务模式。

2. 智慧养老的价值分析

与传统的居家养老模式、社区养老模式、机构养老模式相比，智慧养老模式具有不可比拟的优越性。

随着我国老龄化社会的到来，与养老相关的社会问题越来越复杂，无论是居家养老、社区养老还是机构养老都存在不同方面的困境：在居家养老方面，家庭结构核心化引起空巢化，导致老年人生活照料问题凸显，家庭照料功能日益弱化，与此同时，家庭结构核心化也给家庭养老带来了巨大的经济压力[1]；在社区养老方面，社区养老难以满足老年人多元化的养

[1] 罗兴奇. 居家养老服务的结构困境及优化路径——以上海市为例[J].城市问题，2017(2):83-89.

老需求，社区养老资金投入力度不足，社区养老年人员队伍建设水平不高等[1]；在机构养老方面，缺乏规范，优惠政策不足，缺乏功能定位等[2]。

基于以上三种养老模式所存在的诸多问题和困境，研究者纷纷提出对策与建议，形成当下养老方式的共识模式是：以家庭养老为主，家庭养老和社会养老相结合[3]。简单地说，就是构建“以居家养老服务为主体、社区养老服务为依托、机构养老服务为补充”的社区养老全生命周期服务体系，以期突破三种养老模式的困境，找到契合三种养老服务模式优势的新型养老服务模式，从而有效应对当下我国养老所面临的巨大压力。

然而，随着大数据时代的到来及大数据、人工智能、物联网、区块链等技术的不断发展，养老服务模式的创新运用与可持续发展具有了新的优势和生命力，以新一代信息技术和人工智能技术为基石的养老服务模式的构建，在很大程度上已经克服了现有的几种养老模式的缺点。随着大数据养老服务平台的推出，可以以创新驱动养老服务发展为出发点，以实现“智慧养老”为目标，以第三方服务机构运营为发展方式，以服务购买和服务自荐的形式实现智慧养老服务模式的可持续发展。

智慧养老服务模式的创新，可以充分运用大数据、人工智能、物联网、区块链等技术，为智慧养老提供一站式养老咨询、申请、评估、预测、救助、分类、转接等微观服务。

此外，大数据养老服务平台还可以主动采集老年人实时的需求信息，实现老年人的远程健康监护。同时，通过建设覆盖民政主管部门、养老服务机构、服务对象的智慧养老服务平台，为老年人提供生活照料、紧急救援、医疗保健、情感慰藉等个性化、精准化、智能化的养老服务；通过智慧养老服务模式，把线上的信息流有效地转换为线下的专业化服务，促进线上和线下服务共同发展，最终形成以智慧养老为中心的去中心化养老服务新格局，实现服务资源散点分布、养老服务需求全渠道供给、所有资源

[1] 殷婕. 社区养老模式发展现状探析[J]. 中共乐山市委党校学报，2016, 18(5):68-72.

[2] 张妍. 我国社会化机构养老服务研究综述[J]. 社会工作下半月（理论），2008(10):4-7.

[3] 孙树菡，葛英. 我国社会机构养老发展探讨[J]. 中华女子学院学报，2004(4):28-31.

经智慧养老服务平台统一调度，从而实现资源的优化配置、资源利用效率的提高、管理模式的扁平化发展等目标，最终充分响应国家供给侧结构性改革的要求，从供给质量出发，提高有效供给和增强供给结构对需求变化的适应性和灵活性[1]，满足多元主体需求的多样性，实现我国养老服务的智慧化发展。

二、智慧养老服务平台的搭建

智慧养老服务平台是集紧急救助系统、掌上健康系统、情感支持系统、生活照料系统、银发智慧学院为一体的全方位、多层次、多领域、多维度的线上数据集成与线下养老服务“送到家”“送上门”的综合养老服务平台（见图 9-2）。通过借助线上大数据资源挖掘养老服务需求，由线下服务圈根据线上平台的调度与资源分配，有针对性地向老年群体输出精准服务，最终形成闭合环路，实现养老服务与需求的无缝对接[1]。所有服务子系统的相关数据都可以通过平台大数据分析系统进行采集、存储、分析、产出需求数据等。

在智慧养老服务模式的构建中，所有的系统数据并不是存储在数据中心的，而是存储在养老需求群体的本地数据库中，智慧养老中心只是一个分析决策的平台，可以通过远程访问的方式访问本地数据库，并可以实时调取相关服务数据。智慧养老大数据服务中心的“大”主要体现在其资源、数据整合能力的“大”，以及养老服务“去中心化”以后所形成的“智慧中心”统一指挥调度的能力强，大系统、大平台的协同化能力强等。

[1] 于潇，孙悦. “互联网+养老”：新时期养老服务模式创新发展研究[J]. 人口学刊，2017(1):58-66.

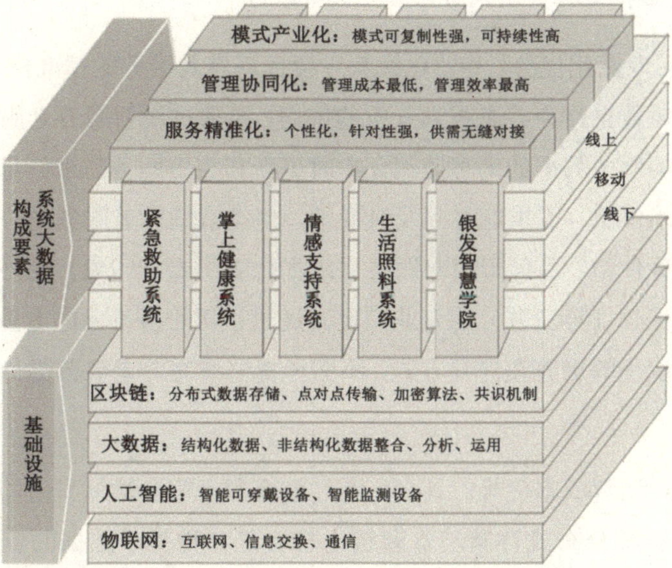

图 9-2　智慧养老服务平台

三、智慧养老服务模式的“SWOT”分析

对智慧养老服务模式的“SWOT”分析如图 9-3 所示。

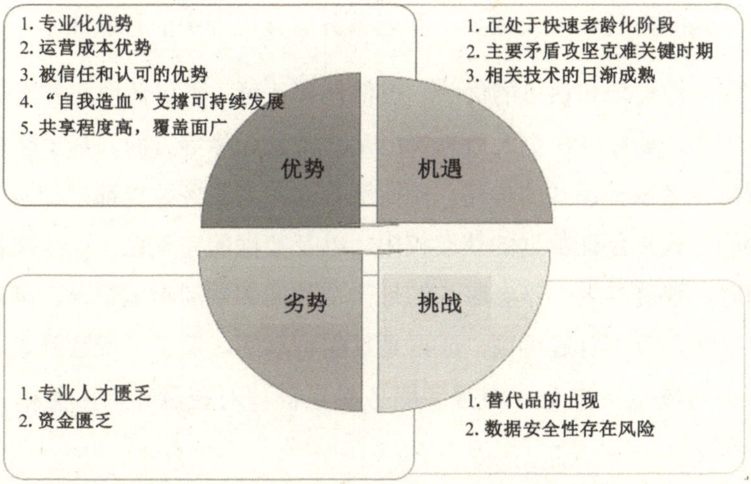

图 9-3　智慧养老服务模式的“SWOT”分析

1. 智慧养老服务模式的优势（Strength）

第一，专业化优势。专业化优势主要体现在其服务的精准化、个性化，平台以海量数据作为养老需求分析的依据，再通过对智慧养老服务过程中不断反馈的服务数据的动态监测，实时更新和完善服务需求信息，优化配置服务需求供给，需求能得到及时反馈，使得智慧养老服务受益群体产生积极的服务体验，从而形成对服务需求提供者的专业印象。此外，通过提高服务提供者（第三方）的专业门槛，通过运用服务准入的专业化评估、专业服务水平的培养及提升方式，不断地提高智慧养老服务提供者的专业水平。

第二，运营成本优势。其一，通过整合养老服务群体身边的资源，形成散点式资源分布式存储，资源统一整合是一种基于数据的资源整合过程，而不是对资源实体的整合，降低了资源管理成本；其二，数据的流动有利于减少资源分配调度的时间跨度、空间跨度，降低资源调配的成本，进一步提高了分配效率、服务效率和服务质量；其三，通过引进养老第三方服务提供者，使智慧养老的运营方（如社会工作机构等）成为独立于政府存在的社会养老服务组织，减少了因为科层制度和管理层级所导致的复杂管理模式的内耗，大大减少了养老服务运营过程中的行政成本。

第三，被信任和认可的优势。被信任和认可，不仅体现在养老服务的专业化方面，还体现在个人信息安全是否得到保障等方面。基于区块链技术的智慧养老服务模式的构建，使得所有的养老服务数据都是加密的，用密码学的方式来保证数据的获取权限，以及数据的完整性、连续性和一致性。同时，智慧养老中养老服务的每一个数据都被清晰地记录，浏览、下载、数据输入等都有迹可循，证据是真实可靠的，保证了智慧养老服务模式的服务对象信息安全，增强了服务受益群体对智慧养老服务模式的信任和认可。

第四，“自我造血”支撑可持续发展。在智慧养老服务模式中，可以通过嵌入市场营利机制，充分发挥自由市场资源配置的功能优势与政府行政干预的功能优势，实现“两驾马车”并驾齐驱促进智慧养老服务模式的创新发展，在明确界定智慧养老服务范围的基础上，提供一些相关的收费服务，或者智慧养老服务主体可以通过寻求多种渠道获取养老服务资源，实现养老服务资源的“自我造血”与智慧养老服务模式的可持续发展。

第五，智慧养老服务模式共享程度高，覆盖面广。目前智慧养老服务模式的建设在我国不同省份、不同地区都具备一定的政策环境和建设的基础设施条件，东、西部地区在基础设施上虽有差异，但是不足以阻挡智慧养老服务模式的建设和发展。只要建设运营好第一个智慧养老服务平台，就可以将其经验复制到其他区域。另外，制定线上线下相结合的智慧养老服务平台操作指南、运行标准、政策制度，再通过养老服务平台试点工作总结、反思与改进，不断地提升智慧养老服务质量和服务效率，以促进智慧养老服务模式不断发展完善，最终实现我国养老服务体系全面覆盖、全民参与养老服务事业的新格局。

2. 智慧养老服务模式的劣势（Weakness）

第一，专业人才匮乏。当下养老服务存在的主要困境是养老专业人才匮乏，这导致养老服务专业水平不足，影响了服务质量和服务成效。另外，智慧养老服务模式不仅需要专业的养老服务人才，更需要懂大数据技术、会运用大数据工具的数据专业领域的养老服务人才。

第二，资金匮乏。由于智慧养老直接服务群体和间接服务群体的支付能力有限，再加上智能设备的购买和维护成本高等原因，限制了养老服务对象的积极参与；专业服务人才队伍建设成本高；政府资金投入力度不够，资金获取渠道单一；系统编程制作与系统维护成本高，支撑系统软件的硬件设施成本高等，这些都限制了智慧养老服务模式的发展。

3. 智慧养老服务模式的机遇（Opportunity）

我国的人口老龄化问题是需要长期解决的民生问题，需要养老服务产品的长期投入。2015 年，中国产业信息网发布的《中国人口老龄化现状分析及发展趋势预测报告》指出：我国正处在老龄化三阶段中的快速老龄化阶段。从 2021 年开始，我国将全面进入加速老龄化发展阶段，届时，养老服务需求将持续增长[1]。

十九大报告中针对当下我国的养老问题提出的指导思想是：积极应对人口老龄化，构建养老、孝老、敬老政策体系和社会环境，推进医养结合，加快老龄化事业和产业发展。同时，智慧社会、智慧社区、数字政府等也纷纷投入建设，以大数据、人工智能技术为支撑的智能型服务产品也在不断地被研发和创新。这些为智慧养老服务模式的构建提供了有利的发展环境。

4. 智慧养老服务模式存在的挑战（Threat）

一方面是智慧养老服务替代品的出现。智慧养老服务替代品的出现存在积极的意义，但同时，它也是对智慧养老服务模式的挑战。随着智能技术的不断发展，人工智能养老服务产品不断迭代更新，使得智慧养老服务产品的功能被替代，如此一来，花费众多时间和精力建设成的智慧养老服务模式将面临被淘汰的尴尬境地，以至于无法再将其投入养老服务生态链中，造成建设资源的浪费。

另一方面是养老服务数据安全性存在的潜在风险。智慧养老服务模式虽然是以区块链等技术为支撑的，其信息安全技术也在不断发展，但仍然无法绝对地保证其数据安全。所以，在智慧养老服务模式运行的过程中，依然存在养老服务数据泄露造成恶劣影响的可能性。

[1] 中国产业信息网. 2015 年中国人口老龄化现状分析及发展趋势预测报告[EB/OL]. http://www.chyxx.com.industry.201510.352441.html.

第十章

志愿服务：基于大数据的精准供给

大数据在志愿服务的精准供给方面具有重要作用。以大学生志愿服务为例，大数据能促进志愿服务实现精准服务和精心服务、精确决策和精细管理、精准指导和紧密共享、精细反馈和精准评估等，从而有效解决当前大学生志愿服务存在的问题。开展和创新大学生志愿服务，就要运用大数据相关系统指导精准志愿服务活动的开展、实现精细志愿服务管理、提供精确志愿服务资源共享、助力精密志愿服务评估。

我国志愿服务事业经过长期发展，在社会各界人士的共同努力下，取得了巨大成就。在志愿者队伍中，大学生是中坚力量。在新一代信息技术迅猛发展的时代，信息世界和数据世界正逐步形成和发展，社会各个领域都不同程度地开始了互联网、大数据进程，从而推动人类社会不断地超越和前进。在这样的时代背景下，怎样充分利用大数据推动大学生志愿服务开拓创新，从而实现精准服务和高效发展，这是一个需要深入研究的课题。

第一节 大数据对大学生精准志愿服务的影响与意义

志愿服务是指任何人在不为任何物质报酬的情况下，志愿贡献个人的时间及精力，为改善社会和促进社会进步而提供的服务。进入 21 世纪之后，大学生积极投身志愿服务事业，做出了一定的贡献。但在当前的大学生志愿服务中，依然存在服务质量和服务效果不显著、服务组织和服务策划不周全、服务协作和服务共享不成熟、服务评价和服务反馈不完善等问题，不利于大学生志愿服务的蓬勃发展。而大数据的出现为解决以上问题提供了有效途径，充分合理利用大数据将对大学生精准志愿服务产生积极影响。

一、大数据利于精准服务和精心服务的实现

1. 大数据利于开展精准志愿服务

近年来，“精准”理念被社会广泛接受。自 2013 年习总书记提出“精准扶贫”以来，出现了精准治理、精准营销、精准传媒、精准医疗等新理念。实现精准，意味着从以往粗放低效逐步走向集约高效。鉴于目前大学生志愿服务存在的问题，务必努力实现精准志愿服务。大数据作为

新时代的核心，是下一个创新、竞争、生产力提高的前沿[1]。因此，将大数据作为志愿服务基础，有利于准确识别受助方群体的客观需要，也有利于准确匹配大学生志愿者进行志愿服务活动，实现基于大数据的精准志愿服务。

2. 大数据利于进行精心志愿服务

通过数据采集、数据储存、数据处理、数据挖掘和数据可视化呈现等技术手段，能够收集多种信息，对其进行处理与分析，可指导志愿服务的开展。通过大量数据的汇聚，能够分析得出针对性的建议与策略，能够为服务对象提供个性化、定制化的志愿服务，从而能够精准识别志愿服务对象，避免精英捕获现象的发生；对服务对象诉求的精准判别，可充分满足服务对象的真实需求，避免服务错位；提供精心的服务项目与服务方式，用心做好志愿服务[2]。从策划到开展活动再到反馈，利用大数据能够实现志愿服务活动的高效化和集约化，进而从整体上实现精心志愿服务。

3. 大数据利于实现精彩志愿服务

在以大数据和云计算为驱动力的新工业革命中，大数据所影响的范围绝不仅限于信息产业及与其密切相关的产业，而是使所有的行业都面临巨变[3]。大数据的引入为志愿服务活动提供了参考与借鉴，有利于设计最合适、最高效的志愿服务方案。同时，它能够在众多数据与案例的基础上发挥主观能动性，对志愿服务活动进行创新与探索，不断地更新志愿服务方法与活动形式。因此，基于大数据能够设计出最优方案，达到最优目标，并且能够使志愿服务有良好的活动体验，弥补此前志愿服务的不足，最终实现精彩志愿服务。

---

[1] 邬贺铨. 大数据时代的机遇与挑战[J]. 求是，2013(4):47-49.

[2] 蒲清平，王婕，朱丽萍. 基于大数据的精准志愿服务研究[J]. 学术探索，2017(3):77-82.

[3] 周涛. 为数据而生：大数据创新实践[M]. 北京：北京联合出版公司，2016:41.

二、大数据利于精确决策和精细管理的实现

1. 大数据利于实现志愿服务的精确决策

“十三五”规划明确提出，要把大数据作为基础性战略资源，助力产业转型升级和社会治理创新。当前大学生志愿服务决策和管理单位以高校部门为主，不可避免会产生单一化和片面化的消极影响。而借助大数据，决策层可以掌握海量数据，并对其进行数据挖掘和数据分析，做出客观全面的决策。同时，依托互联网平台引入大学生志愿者作为志愿服务的决策方，通过密切联系基层群体，能够提高志愿服务活动决策的有效性和可操作性，更能够极大地调动大学生志愿者的志愿服务积极性与创造性，有利于实现志愿服务的精确决策。

2. 大数据利于实现志愿服务的精细管理

有效的管理对工作的进行至关重要。借助大数据的即时性和多元性，管理层能够从宏观和整体的角度对志愿服务进行适时的调整与指导，既能够在宏观意义上对服务的组织开展工作进行指导，又能够根据客观情况的改变进行更为灵活且精准的精细化管理，志愿服务管理者与大学生志愿者可根据现实情况的改变进行实时互动，精准调整志愿服务方案与机制。大数据具有共享性、流动性，通过引入大数据技术，能够创新志愿服务的管理方，实现大学生志愿者的自行管理，进一步实现精细管理志愿服务。

3. 大数据利于达到志愿服务的科学运营

良好的运营贯彻工作的多个方面，包括构思、策划、执行、管理、评估等不同层面。在志愿服务领域同样需要科学运营，以达到精准志愿服务的效果。借助互联网、大数据与云计算技术，能够实现实时动态监测、科

学分析决策及事后良好的互动与评价。因此，将大数据技术贯穿整个运营过程，有利于实现高效科学的分析与策划，也有利于实现整体志愿服务的科学运营，进而实现精准志愿服务。

三、大数据利于精准指导和紧密共享的实现

1. 大数据利于开展志愿服务的精准指导

在大数据时代，应汇聚多方力量，链接多种资源，共同致力于精准志愿服务。首先，通过平台共享，优势互补，能够增强高校团委、志愿服务组织、大学生志愿者的联系和良性互动，实现资源的优化整合，增强多方的凝聚力。其次，通过优化配置，统筹供需，能够增加志愿服务活动的互补性，增加志愿服务的覆盖面，减少志愿服务资源的浪费，提高志愿服务的效率与成效。利用大数据技术可实现优质公共服务资源共享，促进公共服务公平享有[1]，从而有效实现精准地指导志愿服务活动。

2. 大数据利于实现志愿服务的紧密共享

在互联网时代，通过密切协作、共享成果、互相借鉴与学习，能够提升志愿服务的水平，提升其专业性及服务能力，并且通过协同合作能使志愿服务成果惠及更多地区、更多群体，从而使志愿服务的公益价值得以增值。借助数据信息的自由流动，能够精准地对大学生志愿服务进行指导，同时也能够促进资源与信息共享，推进大学生精准志愿服务。

3. 大数据利于达成志愿服务的共同协作

互联网和大数据技术是推动志愿服务走向协同合作的基础和关键。各志愿服务组织单兵作战的自我主义与以我为主的本位思想不符合时代合作共赢的需求和趋向，更不利于志愿服务的创新与发展。因此，运用互联

[1] 任丽慧，崔树华. 借力大数据实现公共服务精准化供给[N]. 内蒙古日报，2016-08-08(9).

网和大数据技术打破志愿服务间的鸿沟与壁垒，促进行业间的相互指导与协同合作，使志愿服务从分散孤立走向整体合作，进而推进大学生精准志愿服务的发展。

四、大数据利于精细反馈和精准评估的实现

1. 大数据利于实现志愿服务的精细反馈

通过客观实际的数据展现与数据分析，一定程度上可以精细地对大学生志愿服务进行反馈。依托互联网平台，能够及时地进行反馈工作，志愿服务组织者、志愿服务受助者、大学生志愿者等多方主体皆能对活动效果进行反馈。借助大数据系统，能够客观且清晰地判断和分析大学生志愿服务的情况，并且能够通过对比和权衡发现志愿服务中的优点和缺点，进而发扬优点，改进与克服缺点，最终达到促进志愿服务精细反馈的目标。

2. 大数据利于开展志愿服务的精确评估

评价和评估对完成工作有重要的激励及调适作用。应建立和健全符合实际的大学生志愿服务效果评价机制，做到以评促改、以评促建、以评促进、评建相结合，确保大学生志愿服务事业的良性发展[1]。借助大数据平台，通过引入不同的参考标准，能够从多个方面、运用不同的指标对志愿服务加以评估，力求实现评估的科学性和客观性，并能导入社会评价，与社会进行互动交流，以增强社会的评价与监督作用。

3. 大数据利于创新志愿服务的激励机制

通过志愿服务的数据库，可将大学生志愿服务的内容与质量评价密

---

[1] 张芬，张春，王悦舒. 大学生志愿服务效果评价体系研究[J]. 学校党建与思想教育，2013(22):65-67.

切结合，实时高效地进行评价，发挥评估和评价对大学生志愿者的导向及激励作用。同时，可在互联网和大数据平台上对志愿服务进行推广及宣传，从而提高大学生志愿者参与志愿服务的积极主动性，推动志愿服务事业在社会上的拓展与发展。借助大数据的可视化呈现，亦能够清晰准确地描绘志愿服务的发展及其影响，推进志愿服务与公益慈善理念在社会中的传递。

— 第二节 —
基于大数据的大学生精准志愿服务的对策与创新

一、大数据指导精准志愿服务活动的开展

大数据开启了一次重大的时代转型，它正在改变我们的生活及理解世界的方式，成为新发明和新服务的源泉，更多的改变正蓄势待发[1]。大数据的数据分析技术为志愿服务创新提供了支撑，指导精准志愿服务活动的开展。

1. 依托大数据精准选取与组合志愿服务双方

借助大数据技术将志愿服务相关信息进行统计与汇总，系统将志愿服务活动、志愿服务组织方、服务对象及大学生志愿者等多方信息进行整合，不仅对志愿服务活动的先后顺序进行考察，也考虑志愿者和服务对象双方在时间和空间上的便利，并能针对志愿服务双方的个性化特征进行高效匹配，促进志愿服务资源公平流动，提高志愿服务双方的匹配度，提高志愿服务的效率。

[1] [英]维克托·迈尔-舍恩伯格，肯尼斯·库克耶. 大数据时代[M]. 盛杨燕，周涛，译. 杭州：浙江人民出版社，2013: 1.

2. 依托大数据精准策划与设计志愿服务活动

借助大数据分析，志愿服务组织方能够多元全面、客观准确地分析，以求更好地认识服务对象、更好地理解服务对象的根本需求。因此，要结合现实情况，拓宽服务内容，创造一些新颖的、更受大学生志愿者欢迎的志愿服务活动[1]。通过大数据技术帮助志愿服务组织方契合服务对象的情况和需求，精准策划与设计志愿服务活动，指导大学生志愿者对服务对象进行理解和分析，促进大学生精准志愿服务的发展。

3. 依托大数据精准组织与开展志愿服务工作

借助大数据指导，通过对志愿服务进行客观评估，精准组织与开展志愿服务工作。在开展志愿服务的过程中，着重把握受助者的根本需求，着力以发展的角度进行志愿服务，改变以往流于形式、停留表面的粗放型志愿服务。在大数据的指导下，大学生志愿者通过学习更多相关的志愿服务案例，提高志愿服务的专业素养。此外，在志愿服务开展前提供一个事先互动与交流的大数据平台，使大学生志愿者可进一步了解服务对象，从而在开展志愿服务时能更契合服务对象需求，进行精准志愿服务。

二、互联网数据整合有助于实现精细志愿服务管理

互联网思维是指在（移动）互联网、大数据、云计算等新一代信息技术的背景下，充分利用互联网的精神、价值、技术、方法、规则来指导、处理、创新、工作的思想[2]。合理利用互联网，可对各种数据进行整合，将精细化和高效化管理落到实处。

---

[1] 黄艳. 当代大学生志愿服务现状、问题与对策[J]. 高等农业教育，2014(2):93-97.

[2] 张其顺，陈凌云. 用互联网思维实现医院后勤精细化管理[J]. 现代医院，2016,16(4):609-610.

1. 借助互联网精细管理志愿服务主体

利用互联网信息技术，可将志愿服务覆盖更广泛的群体，及时掌握更多的相关信息资源，从而精细管理志愿服务相关主体。互联网为大数据的形成提供了重要的基础，通过互联网技术，可以更精准精确地识别、整理及分析志愿服务组织方、服务对象和大学生志愿者等相关主体。同时，借助互联网可增进组织方与志愿者的联系，增进相互认识，进而精细管理志愿服务的多方主体。利用大数据分析技术，可在最短时间内将人员、方案、对象等一一对应，从而更便捷地将志愿服务人员和大学生志愿服务需求相匹配，让最合适的志愿者出现在最合适的场合，实现志愿服务需求精准化[1]。

2. 利用互联网精细管理志愿服务资源

利用互联网超越时空的局限，精细管理志愿服务资源。社会工作的一大职能是链接社会资源，将社会多方相关资源进行整合，链接给服务对象，帮助其恢复和增强功能，促进受助者能力的发展。在志愿服务领域也应努力做到为服务对象链接资源，促进其发展。借助互联网，各地区志愿服务组织方皆可公平平等地获取志愿服务资源，并通过整理与归纳，清晰准确地管理相关志愿服务资源，并在必要时刻及时调度，发挥互联网精细管理志愿服务资源的作用，实现精准管理志愿服务。

3. 利用互联网精细管理志愿服务记录

利用互联网能够清晰准确地记录和保存志愿服务活动，能够精细管理志愿服务记录。“志愿时”“志愿账户”等志愿服务管理形式推动了精准志愿服务管理的发展，如近期广东地区的“志愿”更推动了广东高校志愿服务资源和时数的整合。其通过互联网发布志愿服务活动，大学生志愿者在互联网上报名，然后通过互联网进行反馈和评估。这样可以精细准确地记

[1] 陈竹. “互联网+”时代大学生志愿服务工作手段和形式创新研究[J/OL]. 北方文学（下旬），2016(9): 175. http://ww.cnki2.com/kcms/ detail/23.1058.I.20161125.1048.234.html.

录志愿服务的情况，有效地调度和安排各志愿服务活动，充分发挥互联网高效性、实时性和准确性的特点。同时，利用互联网的准确性与清晰性，有效地建立志愿服务管理平台，管理大学生志愿者的志愿服务次数、时长及评价，高校可将其作为考察和评价大学生的重要指标。这样能够充分调动大学生的志愿服务积极性，提高志愿服务的质量与效率。

三、数据库提供精确志愿服务资源的共享

在新时代，合作共赢是社会各界的共识，这同样适用于志愿服务领域。大学生志愿者作为志愿服务的中坚力量，更应注重各高校各地区间的志愿服务合作，推进志愿服务资源共享。在大数据时代，大学生志愿者要推动志愿服务的交流与协作，提供精确志愿服务资源的共享。

1. 通过数据库精确提供志愿服务资源

数据库汇聚了众多志愿服务数据信息及资源，构建了庞大的志愿服务信息体系，发挥了重要的存储与分析功能。在全国范围内构建和共享志愿服务数据库有利于数据的实时流动与共享，有利于各地区志愿服务互相借鉴、优势互补、共同促进、协调发展。各高校应按照教育部《学生志愿服务管理暂行办法》的规定，建立注册、登记、认证制度，并建立相应的数据库，及时更新完善数据资料，建立动态的信息资源数据库[1]。不同高校、不同地区的志愿服务案例皆可上传至数据库，丰富和发展志愿服务资源，提高志愿服务的有效性和针对性，推动志愿服务的专业性发展。

2. 通过数据库精确应用志愿服务资源

数据库的精确应用有效提升了志愿服务的质量和水平。通过条件筛选，可以挑选出最具针对性与可参考性的志愿服务案例，对其进行研究，并进行参考与学习；借鉴其可行之处，将其应用于志愿服务，充分吸收其

[1] 章琼. 建立大学生志愿服务常态化机制的思考[J]. 江苏开放大学学报，2015(4):91-93.

精华；注重志愿服务与客观实际相结合，适当合理地调整其组织结构和方法形式，以便志愿服务的效果和质量最大化，并将改善的志愿服务再次共享至数据库中，实现志愿服务的不断完善与超越。

3. 通过数据库精确整合志愿服务资源

数据库有利于指导大范围、大时间跨度的志愿服务活动，同时也有利于精确整合志愿服务资源，使资源利用高效化与最大化。通过数据库的建立，各志愿服务组织方之间可密切联系，有助于改善过去各自为政、单兵作战的缺陷。根据以往志愿服务开展的情况，应合理策划和筹备志愿服务活动，避免出现“多次被服务”与“无人问津”情况，充分利用和发挥志愿服务资源的作用。同时，利用大数据技术，可根据各志愿服务组织方的特点筹划与安排志愿服务活动，充分发挥其效用与积极意义，实现集约协作的志愿服务。

四、微时代数据互通助力精密志愿服务评估

在大数据和互联网时代下，以微博、微信等社交媒体为代表的微时代对人们的影响最为深刻，已渗透到人们生活的方方面面。因此，大学生志愿服务也要与微时代接轨，这样有利于志愿服务评价和舆论的引导与落实。

1. 依托微时代精密互动志愿服务主体

在微时代，将大学生志愿服务组织、开展及后期评估转移到线上，志愿服务组织方通过QQ群、微博、微信等新社交媒体平台建立线上与线下相结合的志愿服务组织，加强大学生志愿者与受助者之间的沟通与联系。同时，依托新媒体可以实时将志愿服务动态及各细节公开，推进志愿服务的阳光性与公开透明性，形成良好的沟通、互动与交流氛围，调动全社会投身志愿服务。另外，通过建议与评价改进志愿服务过程中的不足，提升

志愿服务的反馈与总结成效，增强志愿服务活动开展的互动协作性。

2. 依托微时代精密进行志愿服务考核

微时代的各种微平台提供了一个及时分享、互联互通及信息存储的场所。因此，志愿服务可借助互联网平台对大学生志愿者进行有效考核与评价，志愿服务的多方参与者皆可对大学生志愿者进行客观评价，提出中肯的建议。同时，高校及其他用人单位可增加对大学生志愿服务领域的考察，借助微平台对大学生的志愿服务与公益慈善进行科学衡量，综合考察大学生多方面的素质。依托微平台，可有效避免以志愿服务时长与次数作为唯一的判断根据。同时，政府应大力推广统一的志愿服务微平台，打破各地区割裂的局面，让大学生的志愿服务评估在大范围内得到承认，进而促进大学生的多方和全面评价，有效推动大学生积极参与志愿服务，提高志愿服务的质量与水平。

3. 依托微时代精密传递志愿服务氛围

大众传媒极大地加强了信息流动，使人们的联系更密切，提高了信息传递效率。尤其是以微博、微信等新媒体为代表的微时代的到来，更为大学生志愿服务创新提供了新的平台与机遇。把握新媒体时代特征，通过新媒体创新大学生志愿服务的组织宣传机制、监督管理机制、效果评估机制等，已然成为新时期大学生志愿服务创新的时代趋势和现实诉求[1]。因此，依托新媒体不仅可以对大学生志愿服务进行有效管理，更可以有效传递志愿服务的正能量。通过对大学生志愿服务进行正确合理评估与评价，可有效地引导和宣传志愿服务的理念与方法，提升志愿服务的认可度与普及度，推动大学生志愿服务的进步与成长。总之，在大数据时代，各行各业正逐步向网络化、信息化、数据化方向过渡。志愿服务等公益慈善领域也

[1] 黄科，向宇森. 微时代大学生志愿服务机制创新的现实思考[J]. 学校党建与思想教育，2015(12): 43-44.

要抓住机遇，顺应时代的发展，正确处理好大数据与大学生志愿服务关系，利用互联网、大数据等技术进行改进与创新，尤其要注重精准、精细、精密、精致地进行志愿服务创新探索。这能够在一定程度上弥补当前志愿服务活动的不足，并能够对志愿服务和公益慈善领域产生积极影响。大学生群体是积极进取、勇于奉献、敢于创新的青年一代，同时也是时代的先锋与引领者，因此，立足于大数据，对大学生精准志愿服务创新进行研究与探索，具有重要的现实意义与指导价值。

第十一章

共享生活化：生成逻辑与问题治理

新一代信息技术与社会刚性需求的结合、创新与便捷服务理念的彰显、时空范围与受益对象的广泛、使用权和拥有权的分离，使共享已不再是单纯意义上的互联网精神的核心元素，而是沿着“互联网—经济—社会—生活”的路线快速推进，从而导致共享生活化的生成。由于公众素养、政府管理、企业经营和经济发展等方面的原因，共享生活化也产生了新的社会问题，其呼唤社会治理创新：提高公众共享素养，发挥公众自治力量；转变政府管理方式，完善相关体制机制；规范共享企业经营，促进共享行业发展；缩小共享鸿沟，取消共享特权。

随着以大数据、物联网和移动互联网为代表的新一代信息技术的迅猛发展和广泛普及，共享已不再是单纯意义上的互联网精神的核心元素，而是沿着“互联网—经济—社会—生活”的路线快速推进，成为一种新的经济形态、社会趋势和生活方式。共享生活化高歌猛进，一系列新问题也如影随形，呼唤社会治理创新。

— 第一节 —

大数据时代共享生活化的生成逻辑

2016 年，国内共享单车的迅猛发展促使共享经济迅速繁荣，催生了各式各样的共享产品：除了共享单车，还有共享汽车、共享充电宝、共享雨伞、共享房屋，甚至共享工厂、共享医院等，共享愈发贴近生活。有人愕然发现，其一天都是在共享中度过的。共享产品作为一种新兴经济产品，在社会上引起了巨大的反响，一时间成为当前国内舆论的焦点。

恩格斯在论述社会发展动力因素时，曾提出“历史合力论”，即“最终的结果总是从许多单个的意志的相互冲突中产生的，而其中的每一个意志，又是由于许多特殊的生活条件，才能成为它所成为的那样。这样就有无数相互交错的力量，有无数个力的平行四边形，由此产生出一个合力，即历史结果”。[1]可见，社会历史发展的功能性因素是多元的、“多因素的”。共享生活化亦是如此。它是现代科技与社会相互作用的一个典型例子，其生成是新一代信息技术与经济发展、社会文化等诸多因素高度契合和综合作用的结果。

新一代信息技术的快速发展和广泛普及是共享生活化的技术条件，共享经济的发展是共享生活化发展的现实基础，决定了共享生活化的发展维

[1] 中共中央编译局. 马克思恩格斯文集：第 10 卷[M]. 北京：人民出版社，2009:592.

度与深度。同时，政治环境与社会文化又为共享生活化的推进提供了养分。可以预见的是，在这些社会力量的共同作用下，共享生活化必将跨入新的纪元，并彻底改变人类的生活方式。

一、新一代信息技术与社会刚性需求的结合

新一代信息技术的发展催生了共享经济，是共享生活化生成的技术基础。随着现代科技的发展，人类社会已经进入大数据时代。在新一代信息技术的支撑下，共享经济以迅雷不及掩耳之势不断拓展。以摩拜单车为例，其自主研发的专利智能锁集成了 GPS 和通信模块，使用了新一代物联网技术，通过智能手机应用让用户可以随时随地定位并使用距离最近的摩拜单车[1]。从最初的共享单车，到现在的共享工厂等共享模式的发展，都使用了移动互联网、物联网和大数据等新一代信息技术，共享理念跳出了互联网精神的框架，成为现实生活的载体。在这个演变过程中，新一代信息技术提供了坚实有力的技术支撑。

新一代信息技术的发展为共享生活化提供了技术支持，但这一现象生成的深层原因，在于新技术满足了社会的刚性需求并与当代社会文化高度契合。市场上产生的刚性需求、中国的基本国情和文化特质是共享生活化赖以生存及发展的经济与社会条件。相比其他国家的共享经济，我国共享经济的生存与发展具有先天优势。

首先，中国是拥有近 14 亿人口的大国，人口数量庞大，物质资源需求量巨大。自改革开放以来，我国东西部经济发展不平衡，西部经济发展较为落后，东部沿海地区物质资源较为丰富，东西部存在供需矛盾。一些地方供大于求，而一些地方供小于求，紧缺与闲置同时存在。资源合理配置是缓解这一社会矛盾的主要途径。共享的出现刚好解决了资源闲置问题。共享将闲置资源重新投进市场，进行新一轮资本积累。在价值等量基

[1] 翟业虎，刘田鑫. 共享单车租赁的法律问题[J]. 扬州大学学报（人文社会科学版），2017(4)：39-46.

础上进行自我“增值”，是共享的基本特征。

其次，共享是一种新型经济模式，它能以其独特特质解决传统经济模式中存在的问题。在传统生产模式中，企业根据自身条件单独进行生产，而公众则根据自己需求购买物品。这种模式使得生产与需求脱节，往往会出现了一种供需“失联”现象——企业生产的产品是大众化的，利用大多数人的共性制作；而公众面对“大众化”产品，只能放弃个性化追求。随着大数据时代的到来及中国经济的快速发展，公众的需求发生了根本性变化——由“大众化”转为“追求个性”。追求大众化的传统经济模式不适应社会发展需要，共享经济应运而生。未来的生产是一种逆生产，公众需要什么，企业就生产什么，共享经济能更好地适应这种趋势的发展。以共享工厂为例，传统工厂只有在接到一定数量的订单后，才进行大规模生产，而共享工厂无须考虑单个订单数量的多少，可以集中物力、财力同时处理多个订单。可见，共享作为一种新型经济模式，具有强大的生命力与极大的生存空间，将颠覆传统经济模式。

最后，国人受节俭这一传统美德影响较大，再加上现代社会提倡的绿色消费理念的盛行，共享在中国具有先天发展优势。中国的社会文化特质为共享生活化提供了肥沃的土壤，使共享有充足的条件生根发芽。

新一代信息技术与市场刚性需求和社会文化的完美结合，使得共享经济能够迅速发展，并朝着生活化的方向深入。共享企业利用互联网信息技术建立一个网络平台，为供需双方提供信息，把即时且分散的需求连接起来，由此促成供需双方建立无须转移物品所有权的共享机制。这种新型共享机制不但可以降低交易成本，还可以避免通过直接购买来满足需求的资源浪费问题。可以说，共享经济的产生在一定程度上冲击了传统经济。目前，中国的共享处于初级形态，尚是一个小小的胚胎。其产生于经济领域，逐步扩散至社会领域，必将深深影响社会的发展并逐渐成为一种流行的生活方式。

二、创新与便捷服务理念的彰显

共享生活化是科技和经济创新的结果。新一代信息技术的快速发展推动经济类型的创新和多元，共享经济也正是在新经济的腾飞中找到了自己的天地，共享产品新颖而独特，利用互联网技术，将社会资源进行整合、调配和利用[1]。共享通过对闲置资源的整合与利用，创造出高于其自身价值的价值。共享的出现不仅缓解了闲置资源问题，并且成功地连接了上游和下游的产业链，真正实现了多角色、多行业互利互助。其利用新一代信息技术与市场刚性需求的完美结合，创造一个循环价值链，涵盖设计、制造、生产、服务供应、再设计、再制造、再循环，然后是新一轮的制造，部分再制造、部分再循环，以及进一步的服务供应[2]。这种模式在产品的设计、销售、售后等环节进行了创新性发展，为共享生活化的发展铺平了道路。共享经济是经济类型的创新与发展，是时代发展的一大变革。“闲置资源、共享网络平台、人人参与”是共享经济的三大基本要素，其中“人人参与”是指各个参与者在各取所需的同时对共享经济进行创新，是共享经济模式能够实现“互利互助，收益共享”的原因[3]。综上所述，共享并非传统意义上的互联网精神，它将逐渐进入社会生活的方方面面。

在大数据时代，人们的工作与生活节奏愈发加快。传统观念与思维方式不能适应社会发展的需要，生活节奏的加快促使方便与快捷成为生活方式的新理念。而共享则利用这一理念快速发展。以共享单车为例，其使用便捷，只需下载相关应用、支付一定的押金并进行实名认证，即可就近寻找单车，使用基本不受时间、地点的约束，这种自由灵活的租赁模式，突

[1] 翟业虎，刘田鑫. 共享单车租赁的法律问题[J]. 扬州大学学报（人文社会科学版），2017(4):39-46.

[2] Wu Y, Zhu D. Bicycle Sharing Based on PSS-EPR Coupling Model: Exemplified by Bicycle Sharing in China[J].Procedia CIRP, 2017(64):423-428.

[3] 张子轩. 共享单车的现状、问题以及其发展对策建议[J]. 现代商业，2017(15):162-163.

出了便捷服务理念的特点，愈发被公众接受。

三、时空范围与受益对象的广泛

科学技术的发展、移动支付的便利，使得共享受时间与空间的限制较小，共享趋向生活化是一种必然趋势。随时交付一定的押金，并及时归还，就可完成一次共享。目前，共享在一线、二线城市逐渐普及，并将发展目标瞄向了其他城市。共享不仅仅在国内发展迅速，还受到其他国家的关注并逐步扩大到其他国家。法新社在 2017 年 2 月 5 日的报道中盛赞了中国共享单车的创新性；新加坡还在 2017 年 1 月引入了摩拜单车[1]。共享的类型与形式也在发生变化——从生活用品的共享到企业生产的共享，进一步扩大了共享的“范围”。时空范围的广泛让共享生活化成了可能。

共享因其受益对象广泛而迅速发展，不同年龄层的人群或不同类型的企业都可成为共享的服务对象。以共享单车为例，据《2016 中国共享单车市场研究报告》相关数据显示，截至 2016 年年底，中国共享单车市场用户数量已达到 1886.4 万人，预计之后的几年，用户数量将持续增长，其主要在 25～35 岁的上班族及 25 岁以下的学生中广受欢迎[2]。共享单车自由灵活的租赁模式能够为短时间使用提供服务，配合现存的公共服务系统，形成了“点对点”的共享服务，起到了缓解闲置资源的作用。企业为了实现利益最大化，利用共享经济发展模式进行生产，在节约成本的同时可吸引更多使用者。正是由于共享具有使用便捷、理念环保、经济实惠、共享自由度高等众多特点，为使用者带来了极高的用户体验，越来越多的使用者倾向使用共享产品，进而使共享变得更生活化。

---

[1] 翟业虎，刘田鑫. 共享单车租赁的法律问题[J]. 扬州大学学报（人文社会科学版），2017(4):39-46.

[2] 张子轩. 共享单车的现状、问题以及其发展对策建议[J]. 现代商业，2017(15):162-163.

四、使用权和拥有权的分离

传统经济模式下，使用权和拥有权是紧密相连的，拥有物品的拥有权后，才可能拥有物品的使用权。为满足一时之需有时不得不利用资金购买某些物品，但过后其成了闲置物品，导致大量资源浪费，物品价值没有得到更好的实现和利用。在这种经济模式下，人们的购买行为和使用行为受到了很大的限制。

共享经济的出现打破了这种僵局，提供了一种将使用权和拥有权分离的新经济模式。共享经济的实质就是物品使用权和拥有权的分离。此前科技商业预言家凯文·凯利曾预言未来拥有资源的使用权比拥有其拥有权更有价值，未来将会有更多东西被共享。国内共享单车、共享充电宝、共享雨伞的出现和共享工厂、共享家政的兴起都意味着共享在不断升级换代，越来越多的物品和服务将加入共享行列。

同时，一场新的消费模式正在升级——从为拥有付费向为使用付费转变。共享经济倡导者罗宾·蔡斯总结出 Zipcar 能够良好运营的理论：出于经济方面的考虑，与拥有一部车相比，人们更希望能“分享”一部车[1]。使用者可以在不享有拥有权的情况下享有物品的使用权，而这种使用权还可以是短暂的，可以不存在固定的关系和拥有权，使用者只需为他的使用行为付费，这大大解放了人们的购买和使用行为。物品使用权的逐渐强化和拥有权的逐渐弱化，提高了资源利用率，使闲置资源本身的价值得以实现，从而推动共享生活化的发展。

[1] [美]罗宾·蔡斯. 共享经济：重构未来商业新模式[M]. 王芮，译. 浙江人民出版社，2015:44.

— 第二节 —
大数据时代共享生活化问题的治理创新

作为大数据时代科技与社会密切相互作用和高度契合而生成的新事物，共享生活化在推进过程中，由于公众素养、政府管理、企业经营和经济发展等方面的原因，不可避免地会产生一系列新的社会问题。如何实现共享的社会效益最大化，是当前公众、政府和共享企业共同面对的问题。三方都是共享生活化时代的受益者，只有加强社会治理创新，将三方力量进行协调和整合，形成综合治理体系和协同共治手段，才能更好地推动共享生活化的进程。

一、提高公众共享素养，发挥公众自治力量

针对越来越多的因共享素养缺失而引发的社会问题，如何在共享生活化浪潮中让共享回归共享，需要政府和企业的相关引导，还需要公众的广泛参与，尤其是需要提高公众的共享素养。

首先，政府要加强公众共享素养的引导，保障公众的共享权利。在宏观层面，应把共享权利作为一项明确的法律权利确定下来，以保障公众应该享有的共享权利；在微观层面，应把共享权利细化成各项具体的共享权，明确公众具有哪些共享权、在享有权利的同时承担哪些义务。对于恶意破坏共享原则的行为加以惩治，引导和约束公众的共享行为规范，做好公众

思想的引导，同时也应让共享行为秩序得到治理。

其次，共享企业应根据产品性质和使用条件对使用者进行划分，自觉承担引导公众树立共享意识的责任。个体或群体对某特定对象的共同享有或共同利用，通常需要取得正式规定的或默认的资格，并不是任何人或在任何范围内都可以不受限制地共享[1]。在不满足使用条件时，应拒绝使用者使用该共享产品。在共享产品显眼的地方，应该注明共享产品使用的注意事项、安全事项等。在满足使用条件的情况下，共享企业应做好宣传工作，引导使用者规范自己的共享行为，使用后自觉将产品归还在合适的区域。

最后，要真正提高共享素养，需要公众接受共享理念和共享精神的洗礼，自发地遵守共享原则，做出正确的共享行为。在共享素养教育中，共享伦理教育是一个不可或缺的重要方面。要树立共建共享的发展价值观，才有可能促进人的全面自由发展。这是一种自觉性的道德义务和价值追求，同时个体还应有一种与自身享受的自由、秉持的能力相当的道德责任意识[2]。只有加强对社会成员的共享素养教育，让公众真正认识到良好共享行为是共享价值的传递与增值，实现从“我个人所有”的传统观念到“我与大家共享”的共享观念的转变，自觉做文明共享的示范者、传播者和监督者，共享生活化才能更好地发展。

在共享生活化发展的动力上，公众是一股不可忽视的力量。要引导公众广泛参与公共领域的社会治理，包括共建和共享。社会的发展让我们反思传统的管理模式。只有让公众意识到公众是社会的一分子，提高公众的责任意识，发挥公众的自治力量，共同建设共享环境，共享方能有效发展。

[1] 吕耀怀，刘志峰. 基于共享信息的隐私伦理问题[J]. 天府新论，2013 (3):21-29.

[2] 张彦，洪佳智. 论发展伦理在共享发展成果问题上的“出场”[J]. 哲学研究，2016(4):101-107.

二、转变政府管理方式，完善相关体制机制

在共享生活化时代，新问题和新挑战接踵而来，城市管理者应最先做出反应并制定一系列配套政策或规定，主要包括完善相关体制机制、明确相关部门的职责范围和加强对共享企业的管理等。

首先，随着共享深入生活，相关制度的建设是重中之重。无论是技术管控、经济惩罚，还是信用约束，都只能管一时，不能管长远，因为从根本上而言，技术管控与开放共享本身就是矛盾的[1]。既要做到技术管控又要做到开放共享，就要把握适度原则，保持必要张力。城市管理者应从整体出发，加强宏观调控，在整体发展方向上给予一定的指引，完善相关体制机制，同时给予企业与公众一定的“共享权利”，让企业与公众共同参与社会治理，就能实现多方位协同共治。

其次，明确相关政府部门的职责范围，政府监管及时“补位”。政府部门作为城市管理者，要顺应共享生活化的发展趋势，有针对性地加强社会公共硬件、软件建设，为共享生活化铺平道路。对共享企业的监管，以及共享质量与数量投放的规定，相关部门都应纳入自己的监管范围。在这种合作构架下，对政府监管不足的地方进行“补位”，能更好地发挥政府部门的作用，从而完善共享治理的机制体制。

最后，规范共享企业的管理，提高市场准入标准。为避免“共享泛滥”现象的发生，政府部门应给予共享企业一定的发展空间，应该提高共享市场准入标准，制定相关条例和规定，限定共享范围，制定“共享底线”，规范共享行业的合理发展，同时带动相关行业的中小企业协同发展；发展实在的共享企业，淘汰徒有其表的企业；规范共享行业发展，发挥好“两只手”的协作作用。

[1] 朱胜利．“共享交通”如何畅行[N]．安徽日报，2017-03-29(9).

三、规范共享企业经营，促进共享行业发展

在共享价值链的建立中，共享企业发挥着关键作用，其不仅设计产品，而且还在整个价值链的不同参与者之间建立关系和相互作用[1]；不仅需要承担一定的社会责任与义务，还应该积极支持与配合政府相关工作的开展，同时保障公众信息安全。

首先，监管体系的完善为共享企业的发展提供了有机肥料，能使共享得到飞跃性发展。在共享时代，许多企业投身共享行列，期望在共享时代分得一杯羹。面临众多企业投奔“共享海”，企业想要占得先机，要尽到审慎考察、及时管理及维护保养的义务。因此企业需要不断提高现有的基础技术，完善现有的监管体系，真正做到实时监控。在实时监控下，使用者不敢轻易做出违背共享素养的事情，这样企业可节省维修与管理费用，降低企业运营成本；而且企业不需要长期受使用者违章的困扰，能够投入精力发展深层次的共享行业，推动共享的飞跃性发展。

其次，在与政府沟通方面，共享企业应以积极的态度，主动接受政府相关部门的监管，配合其治理工作。随着共享生活化的加速发展，我们深知共享的模式与政府公益的重叠是一个无法避免的矛盾，政府与企业携手合作的模式，将达到更优的管理效果[2]。以自行车为例，许多地方政府很早就开始大力发展公共自行车，部分地方取得了良好的效果，但大多数地方由于公共自行车的“有桩”模式而没有得到有效发展。而共享单车一出现就取得了很好的效果，最主要的原因是共享单车采用了“无桩”模式，这与政府推广的公共自行车“有桩”模式存在明显的区别。“有桩”模式使用不便，只限于固定的车点取车与归还，而且只能用车卡或其他卡用车。而“无桩”模式极大地方便了使用者，使用者随地随取随用，归还时也不

[1] Wu Y, Zhu D. Bicycle Sharing Based on PSS-EPR Coupling Model: Exemplified by Bicycle Sharing in China[J]. Procedia CIRP, 2017(64): 423-428.

[2] 翟业虎，刘田鑫. 共享单车租赁的法律问题[J]. 扬州大学学报（人文社会科学版），2017(4):39-46.

必归还到固定车点，大大提高了使用的自由度。可以说，共享单车是一种典型的自下而上的智慧城市中公共服务的一个创新实例，是政府与企业合作创新的实例[1]。由此可见，部分共享产品其实可以作为一种准公共产品或公共产品的补充形式存在，共享企业可以利用政府提供的一定的投入或不同形式的经济补贴，通过排他授权等 PPP 方式（政府和社会资本合作）有效运营。这不仅在一定程度上减轻了财政负担，还给共享企业创造了一定的发展机会，同时双方还可以形成互利的长期目标，更好地为社会和公众提供服务。城市的街道上还存在无数待挖掘的市民需求，很多原来我们认为应该由政府提供的公共产品和服务，通过共享经济或 PPP 公私合作模式，城市街道上的需求都可以变成巨大的商业机会[2]。政府可利用这种 PPP 公私合作模式作为一种手段，用较小的投入实现社会财富的再分配，带动中小企业的发展，相互取长补短，发挥政府公共机构和共享企业各自的优势，弥补对方身上的不足，提供更高质量的社会公共服务。政府推广的公益与共享企业的共享模式的结合是共享生活化发展的强有力支撑。政府倡导的公益践行活动与共享发展模式的重叠，是政企合作的前提条件，是共享经济科学发展的推动力量。

最后，保障公众信息安全及使用者押金透明化。公民享有的隐私权是基本人格权利，相对企业而言，公众个体作为“弱者”，其隐私权的保护尤其需要关注与落实。使用者是企业竞争优势的关键来源，只有当企业为他们提供更多价值时，企业才能成功[3]。使用者在共享企业平台上注册信息数据，相当于共享企业与使用者签订了一个默认协议，使用者在使用后及时归还产品，而共享企业则有义务对使用者的信息做好保护工作，规范

[1] 王鹏. 从共享单车到自下而上的智慧城市生态[OL]. CSUS，http://mp. weixin.qq.com/s/y394IBmzOlaaSMlR57y-Dg.2017-08-16.

[2] 王鹏. 从共享单车到自下而上的智慧城市生态[OL]. CSUS，http://mp. weixin.qq.com/s/y394IBmzOlaaSMlR57y-Dg.2017-08-16.

[3] Walter A, Ritter T, Gemünden H G. Value Creation in Buyer-Seller Relationships: Theoretical Considerations and Empirical Results from a Supplier’s Perspective[J]. Industrial Marketing Management, 2001, 30(4):365-377.

使用者信息管理，不得通过出售信息获利，这才算完成一次完整的共享。对于共享企业而言，在共享过程中，尤其须承担起保护公民隐私的责任。同时，针对共享企业收取的使用者押金问题，应将押金存放及退还等工作透明公开，或共享企业应在得到使用者许可的情况下调用押金，保障消费者的权益。在共享企业和用户之间，须明确共享企业和用户之间的权利和责任，共同促进共享行业朝着健康的方向发展[1]。

四、缩小共享鸿沟，取消共享特权

在共享生活化趋势加快发展的情况下，共享鸿沟也随之扩大，逐渐成为一个社会问题，其主要通过发展“共享经济”和取消共享特权来解决。

共享经济的发展是共享生活化发展的基础，并决定了共享生活化的发展方向。共享经济的差异是共享鸿沟出现的主要原因，贫富差距越大，共享鸿沟越大。要想彻底消除共享鸿沟，只有消除贫富差距。然而，很难消除贫富差距，只能尽力缩小贫富差距以缓解共享鸿沟。

共享伦理将共享视为一种美德，反对社会发展成果在一个国家或社会被少数人支配或占有的状况，要求最大程度地实现社会发展成果的共享[2]。在两大共享鸿沟逐步扩大的现实面前，需要意识到在处理人与社会、人与人的关系时，要贯彻“公正”和“平等”的理念，以保证共同生活的平衡与稳定，进而实现人与他人的共享。共享并不完全由制度来分配，在社会共建过程中可逐步实现共享机会的均等，缩小两大“共享鸿沟”。社会中的任何一个人都拥有平等享受共享的权利，真正实现平等必须取消获取共享的门槛，即取消共享特权。消除“共享富人”的共享特权，把共享机会普遍化，让“共享穷人”也能参与更高层次的“共享”是其应有之义。

---

[1] 高佩娟. 让“共享”回归共享[J]. 城市开发，2017(4):18-19.

[2] 向玉乔. 共享发展理念的伦理基础[J]. 伦理学研究，2016(3):15-18.

作为大数据时代的新事物，共享生活化正演化为一种流行的生活方式和社会发展趋势。为了推动共享生活化的健康有序发展，政府、企业及公众三方必须合力，共同参与到这一巨变当中。的确，从技术到文明，共享还需要升级[1]，而这个升级的过程也正是令人期待的大数据时代社会治理创新的过程。

[1] 朱胜利. “共享交通”如何畅行[N]. 安徽日报，2017-03-29(9).

延伸阅读

大数据不仅是治理创新的工具，更在深层次上全方位影响着新时代人的生存和发展，拥抱大数据是我们每一个人的必然选择。如何理性看待与合理评价大数据对人生存和发展的影响，是当今大数据和人工智能时代的一个重大问题。刁生富教授等所著的《重估：大数据与人的生存》一书选取了大数据与人的生存和发展密切相关的一些重要方面，包括交往、学习、阅读、教育、刷屏、思维、心理、权利、隐私、素养、解放及数字遗产等，从哲学、伦理学、心理学、教育学、社会学等角度，进行了初步研究，探讨了大数据对人的生存和发展已经赋予的和可能赋予的意义、新产生的问题及解决这些问题的路径。